全国高等教育环境设计专业示范教材

人体工程学与应用

刘怀敏　李　兰　詹华山 / 编著

THE ERGONOMICS AND APPLICATION

重庆大学出版社

图书在版编目（CIP）数据

人体工程学与应用/刘怀敏，李兰，詹华山编著.—重庆：重庆
大学出版社，2015.1（2021.2重印）
全国高等教育环境设计专业示范教材
ISBN 978-7-5624-8476-9

Ⅰ.①人…　Ⅱ.①刘…　②李…　③詹…　Ⅲ.①工效学—高等学校—教
材　Ⅳ.①TB18

中国版本图书馆CIP数据核字（2014）第177940号

全国高等教育环境设计专业示范教材

人体工程学与应用　刘怀敏　李　兰　詹华山　编著
RENTI GONGCHENGXUE YU YINGYONG
策划编辑：周　晓

责任编辑：文　鹏　　版式设计：汪　泳

责任校对：秦巴达　　责任印制：赵　晟

重庆大学出版社出版发行

出版人：饶帮华

社址：重庆市沙坪坝区大学城西路21号

邮编：401331

电话：（023）88617190　88617185（中小学）

传真：（023）88617186　88617166

网址：http://www.cqup.com.cn

邮箱：fxk@cqup.com.cn（营销中心）

全国新华书店经销

重庆共创印务有限公司印刷

开本：787mm×1092mm　1/16　印张：7　字数：187千
2015年1月第1版　2021年2月第2次印刷
印数：5 001—7 000
ISBN 978-7-5624-8476-9　定价：48.00元

前　言

　　人体工程学作为一门现代的独立学科，从20世纪40年代开始，就已触及设计和生产领域的诸多方面，随着社会的不断发展，其重大的设计实践作用和意义越来越凸现出来，特别是它涉足到了人类现代艺术设计的各个领域，已经成为现代艺术设计中不可缺少的一个基础平台。人体工程学是通过对人、机、环境三者之间关系和各种因素的研究与分析，从人体科学、环境工程科学、人文社会科学的多个方面中找到人、机、环境的相互关系，为各个艺术设计领域提供科学的设计依据，使人们生活的空间环境在安全健康、工作学习效率方面更为提高。因此，对人体工程学这门课程的研究，是当前的艺术设计教学实践中不可缺少的一个重要课题，而适应于学科发展的高质量教材建设则更是其有力的保障。

　　本教材针对其课程在近几年全国高校艺术设计专业教学中的实际情况，首先从理论基础入手，介绍了人体工程学的相关知识，再通过具体设计示例的应用解析，阐述人体工程学在室内外环境各方面设计中的应用方法。同时，通过案例赏析，开拓学生眼界，更利于学生在本学科学习上的吸收和提高。每章后面有该章的知识重点及作业安排，便于学生总结和掌握。

　　另外，本教材引用了国内外部分书刊、文献和网上资料，编著者在此向这些作者表示真诚的感谢。由于时间关系，加之水平有限，书中难免有错误和不妥之处，恳请同行专家和广大读者赐教指正。

编　者

2014年8月

目　录

6 人体工程学与室外公共环境设计

1 人体工程学基础知识

1.1 人体工程学概述

1.1.1 人体工程学的定义

人体工程学（Human Engineering），也称人类工程学、人体工学、人机工学或工效学（Ergonomics）。工效学"Ergonomis"原出希腊文"Ergo"，即"工作、劳动"和"规律、效果"（nomos），也即探讨人们劳动、工作效果与效能的规律性。人体工程学是由6门分支学科组成，即人体测量学、生物力学、劳动生理学、环境生理学、工程心理学、时间与工作研究。人体工程学诞生于第二次世界大战之后。按照国际工效学会所下的定义，人体工程学是一门"研究人在某种工作环境中的解剖学、生理学和心理学等方面的各种因素；研究人和机器及环境的相互作用；研究在工作中、家庭生活中和休假时怎样统一考虑工作效率、人的健康、安全和舒适等问题的科学"。它涵盖的学科知识十分广泛，涉及生理学、心理学、环境心理学、民俗宗教学等。日本千叶大学小原教授认为：人体工程学是探知人体的工作能力及其极限，从而使人们所从事的工作趋向适应人体解剖学、生理学、心理学的各种特征。

1.1.2 人体工程学的目的

人体工程学研究"人—机（包括各种机械、家具、生活器物和工具）—环境"系统中相互作用着的各目标指数（效率、健康、安全、舒适等），以及这些指数在实际的工作、学习、生活环境、休闲情况下如何达到最佳化的问题，从而应用这些学科知识进行设计，以达到人类安全、舒适、健康、工作效率提高的目的。

1.1.3 人体工程学的源流与发展

人体工程学起源于欧美，作为独立学科已有50多年的历史。原先是在工业社会中开始大量生产和使用机械设施的情况下，探求人与机械之间的协调关系。人体工程学（Ergonomics）一词的概念是1857年由波兰著名教授雅斯特莱鲍夫斯基提出的。到了20世纪初，西方的机器工业生产大力发展，英国人泰罗为此提出并设计了一套研究工人怎样去操作机器和工具才能更加安全、省力、高效的操作方法和制度。到了第二次世界大战时期，基于战争的需要，在军事科学技术方面开始运用人体工程学的原理和方法，比如在坦克、飞机的内舱设计中，如何使人在舱内有效地操作和战斗，并尽可能使人长时间地在小空间内减少疲劳，即处理好人—机—环境的协调关系。第二次世界大战后，各国把人体工程学的实践和研究成果迅速有效地运用到空间技术、工业生产、建筑及室内设计中去，1960年创建了国际人体工程学协会。

及至当今，社会发展向后工业社会、信息社会过渡，重视"以人为本"，为人服务。人体工程学强调从人自身出发，在以人为主体的前提下研究人们衣、食、住、行以及一切生活、生产活动中综合分析的新思路。其实，人—物—环境是密切联系在一起的一个系统，今后"可望运用人体工程学主动地、高效率地支配生活环境"。

尽管人体工程学的起源至今已近100年，人体工程学的设计与应用已普遍成为当今设计师们在设计过程中不可缺少的一个重要因素。但实际上，早在人类社会的早期，人们在制造打磨劳动工具、生活器皿、建造自身生存环境等方面就已反映出人体工程学的运用了。

（1）人类早期劳动工具的运用

人类早期，由于自身生存的需求，在与自然环境的相处和围捕猎物求生存时，必然要自发地去打造、生产出使用方便的劳动工具，以求达到安全、舒适的效果。如在"围山打猎"时，人们在投掷树枝、锐利的石块时，虽然对动物的杀伤力较强，但同时也对自身的手也有一定的损伤，带来诸多不便。所以，人们就将树枝手掷握的部位打磨光滑，或是将较锐利的石块绑上磨后的树干做手柄，使手握得更稳，投掷更加有力，命中率更高。

（2）古代生活物器的运用

制造物器（早期的土陶）是为了储备人类必需的生活物品，特别是生存必不可少的"水"。为了便于搬运和储藏，人们在制造土陶时，针对人与物之间的关系，在陶罐等物器的提手、耳扣、瓶底、瓶身等设计上，对搬运省力、放置稳定安全、握提舒适等一些因素进行了考虑。可见，人体工程实际早已被人类所运用。

在中国，人体工程学的原理在历代的社会实际中已应用在各个方面。古代家具设计虽没有像现代一样科学系统地运用人体测量学的功能来进行设计，但某些方面仍可以认定为人体测量学的运用。战国时期家居习俗为"席地而坐"，坐时两膝着地，以臀部靠住脚跟，上身挺直，以示庄重，所以人们的视线和身体所及的高度以及器物的装饰面都决定了漆案、漆几等家具为低型家具。如案面高度多为10~20 cm，漆几的高度一般为30~40 cm，可适宜于人们"隐几而坐""隐几而食""低榻而卧"。

中国家具功能设计特点是按照当时人的起居习惯合理设计，其实用尺寸是经过计算而设计的，特别是明代的家具座椅等更是具有其典型性。

（3）冷兵器时期使人体工程应用加快

冷兵器是火药还没有出现或者还没有应用于战争中时战争中不可缺少的工具。如何提高兵器的安全性、合理使用性、效率性是设计中"人"的因素必不可缺的。特别是在冷兵器时代，双方交战，多

是近距离的。兵器的设计是否符合人的尺度和行为就显得更加重要。我国很早就在这方面有所认识和研究。据西汉《周礼·考工记》记载：在制造多类兵器时，要根据人的高度、手臂长短、力度来考虑兵器的长短、大小及轻重，特别是手握部分。

（4）两次世界大战推进了人体工程学的成熟与发展

两次世界大战是人体工程学发展的重要因素。战争中新武器的研制使设计中功能、效率和使用方面等问题开始被关注。适应人的设计是人体工程学在第一次世界大战期间的重大发展，重点已经不仅仅是尺度适合，而是如何全面符合人的需求。

20世纪初，在英、法、俄与德之间的第一次世界大战中，双方有很多的士兵受伤，不能继续参战，并非在战场上被对方击伤，而是自伤。观察发现其原因是由于当时步枪的枪托设计是直的，没有考虑到与人的肩锁骨相吻合，故被枪的后坐力所损伤。此事引起了从事武器研究制造的人们极大的注意，从而开始了人体工程学从自发应用到目的性研究。

第二次世界大战时期，人体工程的应用更趋向成熟。由于战争的需要，在吸取第一次世界大战时期武器制造的经验上，许多兵器工程设计师在研制飞机、大炮、军舰、新式武器和装备时，不仅从人的生理结构去考虑，更着重从人体测量、人的心理学、仿生物学、环境生理感受等学科去分析研究"人的因素"，使兵器操纵起来更便捷，更加减轻疲劳感，威力更大，工作效率更高。第二次世界大战后，人体工程学有了新的进步，工程技术人员开始将研究的重点转移到如何在工作程序和工作方法上发展出适合人的需求的设计上，人体工程学研究的目标和对象变得更加复杂。新的设计开始从以前的为适应人的设计转移到为工作的人的设计上。这是人体工程学的一个新的重大进步。

（5）现代人体工程学日趋完善

战后的人体工程学将研究方向转到扩大人的思维力量方面，使设计能够支持、解放、扩展人的脑力劳动。战后人体工程学的一个重点发展是从比较

原始人对手的使用

经过加工的石器

适宜手使用的石斧

适合手提的早期土陶

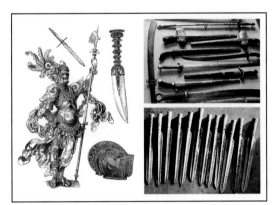

中外古代兵器

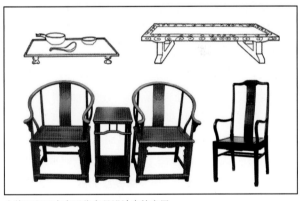

人体工程因素在明代家具设计中的应用

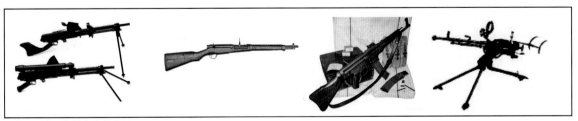

人体工程在早期枪支上的应用

集中为军事装备设计服务转入为民用设备、为生产服务，它开始进入制造业、通信业和运输业。随着自动化的发展，控制系统的复杂化如何设计出更加具有效率、更加准确的仪表盘，包括显示设备和按钮设备，越来越为设计界关注。这是人体工程学的一个新的发展阶段。战后初期阶段称为按钮时期，目的在于使控制系统更加准确无误、反应快捷。人体工程学的研究于20世纪70年代达到高潮，这一时期是人体工程学泛滥夸大的阶段，也是人体工程学作为一个独立的学科得到理论实践上的完善化的阶段。

随着人们对人体工程学不断地研究发展，人体工程学的应用已经深入到人们生活的各个领域，从人们的居住、工作、学习的室内空间环境，以及与之密切相连的家具设计布局，现代多类型的工业产品、生活产品设计和科学技术的高速发展与人体工程设计更是密不可分。小到计算机常用的鼠标，大到载人航天飞机的设计；特别是现代人类所居住的室内建筑装饰设计以及公共环境空间设计，无论从实用还是美观，已从人体的生理机能进一步拓展到人的心理空间的感受。这些都体现出了现代人体工程学追求的安全、健康、舒适、高效率的"人本"主义的设计思想。

20世纪70年代，人体工程学形成了两大特点：一是人体工程学已渗透到人们工作和生活的各个领域；二是人体工程学在高科技设计领域得到了应用，自动化系统中人的监控制约作用、人机信息交互、人工智能等都与人体工程学有着密切的关系。如今，社会发展向后工业社会、信息社会过渡，重视"以人为本"，为人服务，人体工程学强调从人自身出发，在以人为主体的前提下研究人们衣、食、住、行以及一切生活、生产活动中综合分析的新思路。

中国的人体工程学研究在20世纪30年代开始即有少量和零星的开展，但系统和深入的开展则在改革开放以后。随着我国科技和经济的发展，人们对工作条件、生活品质的要求也逐步提高，对产品的人机工程特性也日益重视，使我国的人体工程学研究得到了快速发展。

人体工程在现代家具设计上的应用

1.2　人体常态因素

人体工程学作为一门综合性的学科，已经成为多类设计的基础平台，成为一个不可缺少的设计因素。一个从事于设计的工作者（无论是室内环境设计、家具设计、工业设计、日用生活用品等设计），要想设计出优秀的设计作品，就应该好好掌握人体工程学，而人体工程学又是建立在"人"体测量的生理结构、人体尺度、人体动作行为和人的心理感受等基础上。所以，要想做好设计，就必须首先了解人的基本测量尺度、人体比例关系、结构尺寸、功能尺寸、心理空间、重心等人体因素。

1.2.1　人的结构尺寸（静态尺寸）

人的结构尺寸是指静态下的人体尺寸，是人处于固定、静止状态下的标准测量尺寸，通过对人体的多部位的不同测量，如人的身高、手臂的长度、腿的长度、内外膝关节的高度、坐高等，去了解人的基本结构尺寸。它也是人们在相对静态的工作环境下，为机器设备、生活物品设计提供尺度的依据。

1.2.2　人的功能尺寸（动态尺寸）

人的功能尺寸指人在进行某种功能活动时，通过人体的多部位的关节肌肉伸屈、转动、推拉与人的肢体协调共同完成功能活动所产生的范围尺寸。人在多数情况下，都是处于一种活动的形态，而非绝对的静止状态。那么，与人有很多相关的空间范围，物具的大小、高低的尺寸设计都应该充分地考虑到人体活动的因素。即把人—机—环境三者作为一个整体进行考虑，才能使人在行为的过程中作用发挥到最大的功效。例如当在设计餐厅的餐桌与餐桌之间的人行通道的空间尺寸时，不能只参照人的结构尺寸，还必须考虑到餐桌和服务员端菜盘时活动所需的范围尺寸；再如在淋浴房设计中，其尺寸不应等于人肩宽的结构尺寸。如果是这样，那么人在里面就根本无法活动，其功能也会失去。

1.2.3 人体的比例关系

人体比例关系主要是指两个方面，一是单个人体自身身高、肩宽、上肢、下肢相互间的比例关系；二是个人与他人和群体间在多部位间相比的比例关系。了解和掌握人体尺寸之间存在一定的比例关系，就可以简化人体测量的复杂过程。常常有学生在设计时问老师物具的高是多少，宽是多少。其实，通过身高和肩宽，我们就可推算、设计出其他物体可适应于人体需求的合理尺寸。比如，知道了一般男性成人身高常在 1 700 mm 左右，而膝关节内高度尺寸为 380～420 mm。故坐椅的高度均设计在这个尺寸范围内，这样人坐在上面时，双膝约成 90°，才会感到舒服；而当我们坐着，双手平放在桌面上时，肘关节离地面约 720 mm 左右，所以，一般的桌面到地面的尺寸也在这个范围内，这样，我们在坐着学习和工作时才会感到舒适而不疲劳。如果桌椅过高或过低都会使人感到酸胀。由此，我们就可推断出所有的坐椅和桌面的设计高度尺寸了。当然，由于性别（男女）、年龄（老人、成人、儿童）、种属（白人、黑人、黄种人）种族不同，也会带来人体比例尺寸的差异。如小学生用的桌椅尺寸与成人用的桌椅尺寸是不一样的；姚明的床的设计应该与常规的不一样。所以，设计者了解这种人体的差异，才能更合理地使用人体尺寸地数据，达到预期的最佳设计目的。

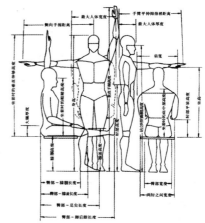

人体的静态尺寸

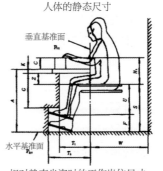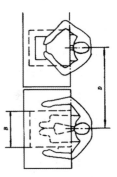

相对静态坐姿时的工作岗位尺寸

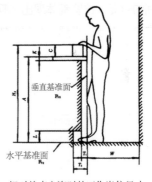

相对静态立姿时的工作岗位尺寸

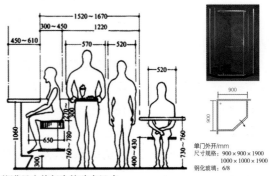

能满足人体行为的动态尺寸

单门外开/mm
尺寸规格：900×900×1900
1000×1000×1900
钢化玻璃：6/8

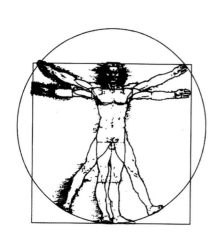

人体比例图

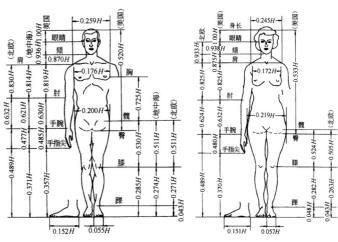

男女各部分的比例尺寸

工作座椅主要参数

参　　数	符　号	数　　值	测量要点
座高	a	360～480	在坐面上压以60 kg，直径350 mm半球状重物时测量
座宽	b	370～420推荐值400	在座椅转动轴与坐面的交点处或坐面深度方向二分之一处测量
座深	c	360～390推荐值380	在腰靠高g=210 mm处测量，测量时为非受力状态
腰靠长	d	320～340推荐值330	
腰靠宽	e	200～300推荐值250	
腰靠厚	f	35～50推荐值40	腰靠上通过直径400 mm半球状物，施以250N力时测量
腰靠高	g	165～210	
腰靠圆弧半径	R	400～700推荐值550	
倾覆半径	r	195	
坐面倾角	α	0°～5°推荐值3°～4°	
腰靠倾角	β	95°～115°推荐值110°	

1.2.4　百分位数

人的人体尺寸因种族、性别、年龄等差异而有很大的变化，它不是某一确定的数值，而是分布于一定的范围内。如亚洲人的身高是151～188 cm，而在具体设计时，只能用一个确定的数值，而且并不能像人们一般理解的那样选用一个所谓的平均值。那么，如何确定使用哪一数值呢？这就是百分位的方法要解决的问题。了解百分位数是为了能准确使用人体测量的统计数据，为设计提供依据。

百分位数的定义是：表示群体在低于某一变量值以下所包含的范围所占的特定百分比，即具有某一人体尺寸和小于该尺寸的人占统计对象总人数的百分比。大部分人体测量数据是按百分位表达的：把研究对象分成一百份，根据一些指定的人体尺寸项目（如身高），从最小到最大顺序排列，进行分段，每一段的截止点即为一个百分位。例如，第5百分位数的男性站立身高是1 620 mm，这就表示只有5%的男性身高等于或低于1 620 mm。换句话说，就是有95%的人身高高于这个尺寸。第95百分位数是1 850 mm，表示有95%的男性站立身高是等于或低于1 850 mm，只有5%的人具有更高的身高。而第50百分位数的男性站立身高是1 730 mm，这就表示只有50%的男性身高等于或低于1730 mm，又有50%的男性身高高于此值，这个值就相当于中值。统计学表明，任意一组特定对象的人体尺寸，其分布规律符合正态分布规律，即大部分属于中间值，只有一小部分属于过大和过小的值，它们分布在范围的两端。因此，在设计上满足所有人的要求是不可能的。我们设计一般的家具和操作环境时，往往取中值以兼顾更多的人能使用。因此，除了在一些特定的设计要求下，我们在设计产品考虑百分位数时，应该从中间部分取用能够满足大多数人的尺寸数据作为依据，无论选择设计产品尺寸的最大（高）值，如门的高度设计为2 000 mm，还是选择最小值（如操控按钮与操作者的距离），目的就是能适合于所有或大多数的人群。当然，不能因为有个别高于2 000 mm的人而将所有门设计到3 000 mm。在实际设计中，通常

都是将人群中第95百分位数据和第5百分位数据作为最大和最小设计参数，排除少数人，这样才能达到保证满足普遍群体的需求。但是，在考虑设计的百分位时，要特别注意以下两点：一是50百分位并不表示"平均人"和"平均值"的意思，因为，人体测量的每一个百分位数值只表示某项人体尺寸，如身高50百分位只表示身高，只说明你所选择的这一项人体尺寸有50%的人适用，并不表示身体的其他部分都是50百分位。如果把它当成所谓的"平均值"为身高尺寸来确定门的净高，这样设计的门会使50%的人有碰头的危险；二是绝对没有一个各项人体尺寸同时处于同一百分位的人。

1.2.5　人体的重心

现实生活中无论静止状态和活动状态的物体，其设计都存在一个重心问题。人的重心是人体全部重量集中的点，而重心一般在人的肚脐处。人体一旦失去了重心就会跌倒，特别是在室内外环境和家具设计中，重心的尺寸更值得重视。例如栏杆高度的设计，应该高于人的重心，人才会具有安全感。

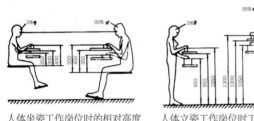

人体坐姿工作岗位时的相对高度　　人体立姿工作岗位时工作高度

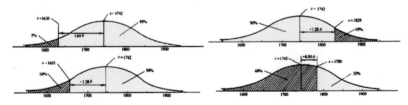

美国男性高度分布曲线

男女坐、立姿工作岗位的百分位数

类别	举　例	坐姿工作岗位相对高度 H1				立姿工作岗位工作高度 H2			
		P5		P95		P5		P95	
		女（W）	男（M）	女（W）	男（M）	女（W）	男（M）	女（W）	男（M）
I	使用视力为主的手工精细作业 调整作业 检验工作 精密元件装配	400	450	500	550	1050	1150	1200	1300
II	使用臂力为主，对视力也有一般要求的作业 分检作业 包装作业 体力消耗大的重大工件组装	250		350		850	950	1000	1050
III	兼顾视力和臂力的作业 布线作业 体力消耗小的小零件组装	300	350	400	450	950	1050	1100	1200

因为一般人的重心在人体的肚脐处，如果发现栏杆高度比肚脐还低，人就会产生恐惧感。

另外，重心还随人体位置和姿态的变化而产生不同，除了直立的重心，还要考虑重心的移动。现代家具设计的形式丰富多样，尤其是各种椅子的设计，四条腿的椅子一般稳定性较好，但是三条腿、一条腿的椅子就存在着一个重心设计的问题。而人体的重心并非都在座面的中心，而是随人的坐姿移动面有变化（座椅、大班椅等）。作为设计者，应该充分考虑到这点。

1.2.6 人体尺寸的差异

在具体的设计中，如果只局限于一些人体共有的基本尺寸和人体资料的简单积累上，而离开具体的设计对象（人）和环境是不行的，必须充分考虑到影响人体尺寸的诸多复杂因素，去进行具体的、细致的分析工作。由于遗传、人种、经济条件环境等影响，形成了个人与个人之间，群体与群体之间在人体尺寸上的很多差异。这些差异主要表现在以下几个方面：

（1）种族差异

不同的种族，不同的国家，因其生存的地理环境、生活习惯、经济条件、遗传基因等特质不同而造成了体形特征、人体比例、身高的绝对值等明显的人体尺寸差异。如越南人的平均身高为1605 mm，比利时人的平均身高为1799 mm，差幅竟达到了194 mm。甚至在相近和相同的民族之间也存在着一些差异，如我国北方人的平均身高比南方人的平均身高要高。

（2）年龄差异

在设计的实践过程中，年龄的差异也应注意。人在不同的年龄阶段时，其差异是十分明显的。年龄变化最明显的时期是青少年时期，其身高也是增长最快的时期。女性一般在20岁，男性在30岁左右停止了身高的生长。尔后，随着年龄的增加而身高开始减缩，但体重、宽度及围长尺寸却开始增加。在进行某项设计时必须经常判断与年龄的关系，是否适用于不同的年龄。对工作空间的设计应

尽量使其适应于20—65岁的人。特别是儿童和老年人这两个年龄段的差异更应该引起我们的注意。由于儿童好动，处于生长发育时期，在一些公共环境（如幼儿园、学校等）设计和儿童用具设计时，更应该充分考虑其安全性和舒适性。如5岁儿童的头部直径尺寸约为140 mm，所以栏杆的间距设计为110 mm，才能阻止儿童头部从其钻过，以免发生危险。

另外，随着人的寿命增加，人口老年化越来越明显，在设计一些家庭的空间环境和家具时，也应充分考虑到老年人的身高减缩了，身围加大，肌肉力量退化，手脚所能触及的空间范围变小，弯腰蹲下较困难等身体特征。在设计时，才能适合于老年人的使用功能，更加"人性化"。

在老年人中，老年妇女尤其需要照顾，她们使用合适了，其他人的使用一般不致发生困难（虽然也许并不十分舒适）。反之，倘若只考虑年轻人使用方便舒适，则老年妇女有时使用起来会有相当大的困难。

（3）世代差异

一个不可否认的事实是现在的子女普遍比父母长得高。从近百年中所观察和得到的数据表明，欧洲的居民每十年普遍身高增加了10～14 mm。因此，如果使用三四十年前的人体数据会导致相应的错误。形成这种世代差异除了诸多的因素外，还与社会的经济发展因素、家庭的收入条件、营养状况等对身体发育的影响也是分不开的。了解和认识这种世代差异的存在和变化，对于预测其设备的设计，生产和发展使用之间的关系有着十分重要的意义。

（4）障碍差异

现在，在世界各个国家里，残疾人都占一定比例，全世界的残疾人占总人口数的10/100，约有4亿。其中有很大部分是与尺度有关的行为能力有障碍的残疾人。特别是乘轮椅患者因为肢体瘫痪而失去了行走能力，更多是用手来推轮椅，所以设计者不仅要考虑到患者坐时的特有姿态和手臂能够达到的距离，还应对轮椅本身结构应有一些知识，以及将轮椅各部分间距及其他一些尺寸一并考虑，

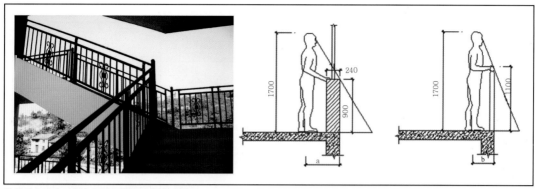

根据重心需求对窗台和阳台栏杆的高度设计

人体重心的移动

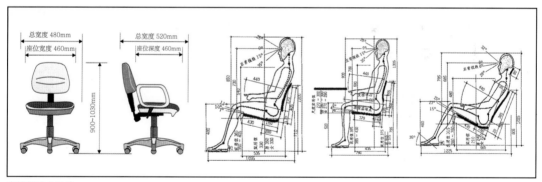

座椅的重心设计

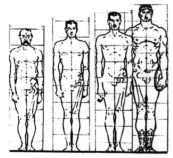

不同种族，不同国家的人体高度差异

各国人体尺寸对照表/cm

人体尺寸（均值）	德国	法国	英国	美国	瑞士	亚洲
身高	172	170	171	173	169	168
身高（坐姿）	90	88	85	86	—	—
肘高	106	105	107	106	104	104
膝高	55	54	—	55	52	—
肩宽	45	—	46	45	44	44
臀宽	35	35	—	35	34	—

我国中等人体地区（长江三角洲）的人体 / cm

编 号	部 位	较高人体地区（冀、鲁、辽）		中等人体地区（长江三角洲）		较低人体地区（四川）	
		男	女	男	女	男	女
A	人体高度	1690	1580	1670	1560	1630	1530
B	肩宽度	420	387	415	387	414	386
C	肩峰至头顶高度	293	295	291	282	225	269
D	正立时眼的高度	1573	1474	1547	1442	1512	1420
E	正坐时眼的高度	1203	1140	1181	1110	1144	1078
F	厚	200	200	201	203	106	220
G	上臂长度	308	291	310	293	307	289
H	前臂长度	238	220	238	220	245	220
I	手长度	196	184	192	178	190	178
J	肩峰至头顶高度	1397	1295	1379	1278	1345	1261

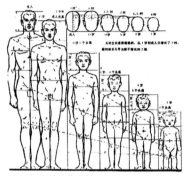

不同年龄的人体比较

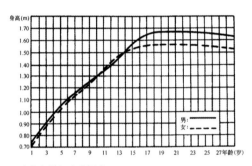

人体年龄与身高图表

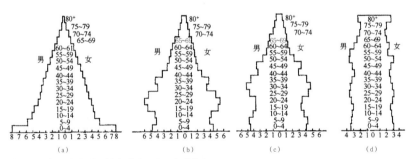

中国人口年龄金字塔（摘自《中国人口年鉴》）

儿童栏杆的安全尺寸

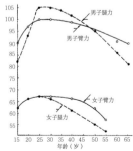

人的臂力和腿力随年龄的变化

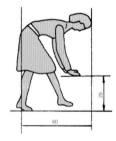

老年妇女弯腰能及的范围(cm)

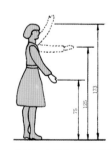

老年妇女站立时手所能及的高度(cm)

将轮椅的构造和行道、门口等这些因素一起全面考虑，才能真正达到人—机—环境的统一。

另外，对于能走动的残疾人，必须考虑他们是使用拐杖、手杖、助步车、支架还是用狗帮助行走，这些东西是这些能走动的残疾人功能需要的一部分。所以为了做好设计，除应知道一些人体测量数据之外，还应把这些工具当作一个整体来考虑。如对于盲人，除了其他的牵引行为方式之外，也应考虑到通过盲人的脚手触觉系统去帮助盲人完成行为的功能，如大街和公共地域的地面盲人道设计等。

（5）性别差异

3~10岁这一年龄阶段男女的差别极小，同一数值对两性均适用。男女两性身高等差别在10岁之后开始出现，一般妇女的身高比男子约低100 mm左右。由于妇女自身的身体比例与相同高的男子不同，其臀部较宽，肩窄，躯干较男子长，四肢较短，所以在妇女常工作的环境和使用的物具时，特别是在腿的长度起作用的地方，考虑妇女的尺寸就显得十分重要了。

1.2.7 人的心理空间尺度

心理尺度主要是针对室内环境中人对于群体之间、人与环境之间从心理的感受上所产生的共识或相同的心理距离反应。它是一种客观的存在，是进行满足人们心理尺度需求的设计基础。

（1）领域性与人际距离

领域性是动物在环境中为取得繁衍生息等生存的一种行为方式，这里主要指在室内环境中人的生活、学习、工作活动希望不被外界所干扰或妨碍所需要的生理和心理的范围，这是人的一种自我维护能力。但是人更多的是要与他人和群体进行人际交流，接触时所需的心理尺度（距离）也要通盘考虑，在根据不同的接触对象和不同环境场合下会产生距离上的差异。为此，人类学家赫尔在动物的环境和行为研究的基础上，提出了人际距离的概念，根据人际关系的密切程度、行为特征将人际距离分为亲密距离、个体距离、社会距离、公众距离。这个概念对于环境场合下的人际行为需求提供了合理

的心理尺度依据。如：对亲密的人际间设计，距离（450 mm）靠近才能体现；反之，对陌生的公众人际交流，拉大空间尺寸为佳。

（2）私密性和尽端趋向

私密性是人们在生活的相应空间范围内，希望从视觉、听觉等方面与外界进行隔绝的要求，希望达到自我空间的存在。这在室内空间体现尤为突出，如餐厅的雅间、KTV的包房、厢式雅座、卧室等设计。为了满足人的这种私密性的需求，人们往往在进入餐厅总是选择尽端和人流稀少、隐蔽的地方，以免受到干扰。为了满足人们"尽端要求"心理，餐厅的位置设计多为靠墙而设。

（3）依托与安全感

所谓依托，就是室内空间中的构架支柱、稳定的实体和壁面，是人们所能依靠的地方。在宽大的候车厅、站台，人们常常是群聚在厅站台的柱子附近，并非站在门旁和过道。因为在柱子或墙壁边，人们会感到有了"依托"，从而具有了"安全感"。所以，"依托"是安全感存在的基础。安全感无疑是人们在社会中的一种基本心理需求，这是以"依托"为前提的。如在办公室的设计中，人们常会选择靠实体墙壁来设立座位，以解"后顾之忧"，求得安全。

（4）从众与趋光心理

从众行为是人在心理上的一种归属表现形式，目的是寻找一种认同和安全感。在开阔的空间中，人们总是希望往人群聚集的地方去，以达到相应的认同和安全。当一些公共场所（商场、影院、娱乐场所）突然发生意外灾难时，人们往往会失去自我思维和判断能力，盲目地跟从人流跑动，不知道去的方向是否是安全疏散口，这就是从众心理的表现。同时，人们在黑暗处流动时，总是选择向着有光的方向而行，因为光给人带来希望，带来安全的方向。这种趋光行为是人的一种本能。所以，设计者在设计公共环境时，应充分注意人在紧急情况下的心理和行为，在空间、照明、音响等设计上加强对通道的流向和指示引导。

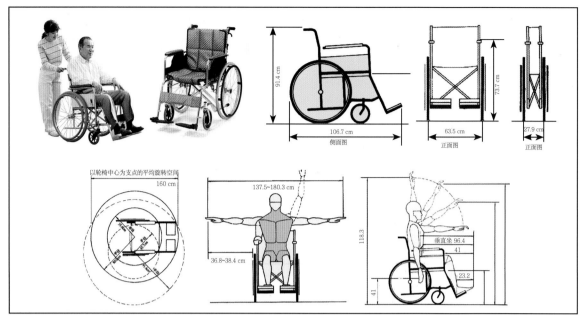

为残疾人设计的专用轮椅

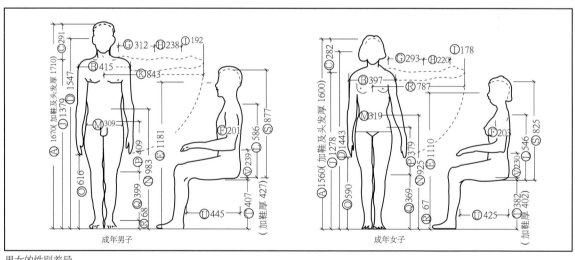

男女的性别差异

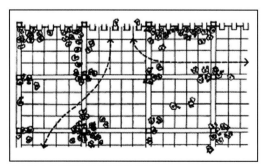

火车站上人们等车时所选择的位置

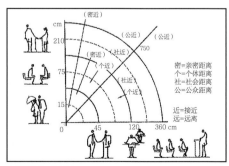

人际距离示意图

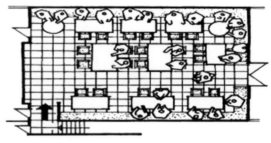

个近距离　　　　　　公众距离　　　　　　　　　餐馆中人们选择的位置

从众心理　　　　　　趋光心理

光的引导心理　　　　靠墙而设的具有私密性的厢式餐位

依托带来的安全感

｜知识重点｜

　　1.人体工程学的目的是什么？

　　2.人的结构尺寸与人的功能尺寸。

　　3.人体比例与重心。

｜作业安排｜

　　1.班上男女同学分组，分别对其身高、臂长、肩宽、摸高、手长等尺寸进行测量，算出平均值。

　　2.举例说明人的心理空间与尺度的关系。

2 人体工程学与室内空间组合及感官

人类的生活总是离不开生存的室内空间范围，总是要去营造适合于自身工作、学习的室内环境，去制造生产出能够满足人们生活质量和工作效能的家具和物品，所以人体工程学是建筑与室内设计、家具设计和产品设计不可缺少的基础之一。从室内设计的角度来看，设计就必须"以人为本"，满足人们的生活、工作和学习需要。人体工程学在室内设计中的应用，就是在于通过对人的生理和心理的正确了解和认识，根据人的生理结构、心理形态和活动需求等综合因素，充分运用其科学条件和方法，通过合理的室内空间的布局和各种设施的设计，无论从生理上还是从心理行为上最大限度地满足人们室内生活活动，以达到高效、安全、健康、舒适的设计目的。

虽然构成人的生理和心理系统十分复杂，但在室内设计中，人体的运动器官和感觉器官都与室内人体活动的关系最为密切，人体是通过外感的效应去感受室内环境给人的感受。而在运动器官方面，人的身体有一定的尺度，活动能力有一定的限度。人无论是采取站立、卧、坐、行中的哪一个动作，都有一定的动作距离和限制。因此，对室内活动空间和环境设施的设计都必须考虑到人的外部体型、动作特征和体能极限范围等人体因素。

2.1 人体工程学在室内空间的作用

人体工程学作为一门新兴的综合性学科，涉及学科很广，其在室内设计中的应用范围和深度也是随着人们的认识和社会的需求而不断发展。室内设计中，室内空间设计大部分都是建立在人们与室内空间相互作用的基础之上进行的。只有把握好合理的空间尺寸和良好的视觉效果，处理好家用设施与家具的布置格局，才能满足人们对居住环境的舒适性、实用性、时尚性、健康性和安全性等设计要求，才能营造出安全、舒适、优雅的室内居住空间。这正是人体工程学在室内空间设计中"以人为中心"的实际作用的具体体现。

人体工程学在室内空间中的主要作用体现在如下几个方面：

（1）为确定人在室内活动中的空间范围提供依据

人类生存的空间环境很大部分都是与室内空间范围相关的，而室内空间中的家具及物品设备的大小、数量、尺寸的确定均是以人体测量数据、人的尺度、动作行为、心理空间等来作为参照的依据。要确定室内空间范围是否满足人们在里面活动的需求，就必须准确测量出人在静态和动态中的立、坐、卧、行的基本尺寸。更重要的是，还必须明确使用这个空间的人总体数量，这样才能确定出所需空间范围的大小和尺度。

（2）为确定家具设计、设备的使用提供主要依据

现代家具的设计、设备的生产和使用都是为人所用的，无论其形态、尺寸大小都必须以人体的尺度作为主要依据。无论何种类型的家具和设备，都应该与人体工程学相结合，以期符合人们的活动行为和使用安全方便，达到"人与物的高度和谐"。所以，人体工程学在家具设计中的应用，就是特别强调家具在使用过程中对人体的生理及心理反应，并对此进行科学的实验和计测，从而使家

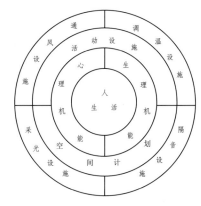

室内人体工程学图解

人与室内空间关系

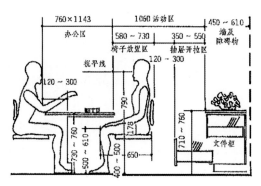

经理办公室主要间距

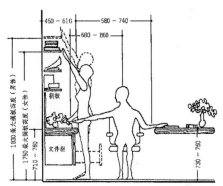

经理办公桌文件柜布置

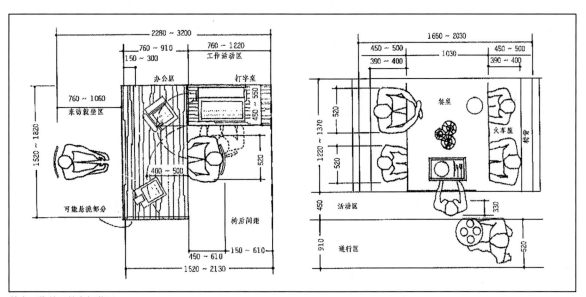

基本工作单元的空间范围

具设计中的尺度、造型、色彩及其布置方式都 必须符合人体生理、心理尺度及人体各部分的活动规律，以便达到安全、实用、方便、舒适、美观之目的。如台球桌的高度，是在大量分析人的普遍身高、操作动作状态的基础上，求得舒适自然为尺寸标准来确定的。这些家具和设备的设计都是认人体工程学作为科学依据而进行的。

（3）为确定人对物理环境的适应能力提供依据

以前人们在研究探讨室内设计问题时，经常会把人和物、人和环境割裂开来，简单地以人去适应物和环境对人们提出的要求。而现代室内环境设计日益重视人与物和环境间，以人为主体的具有科学依据的协调。室内设计除了依然十分重视室内环境设计外，对其物理环境的研究和设计也予以了高度重视，并开始运用到设计实践中去。因此，人体工程学不仅是一个简单的尺度问题，人的感觉器官包括了视觉、触觉、听觉、心理感受等，对室内的热环境、光环境、声环境、色环境、湿度、辐射环境等均会提出不同的要求和反映。而人体工程学对这方面的研究，对于室内物理环境的设计所带给人们的舒适、满意的适应能力提供了最佳的科学参数。如室内音响与人的听觉环境的设计，桌球台面的光设计等。

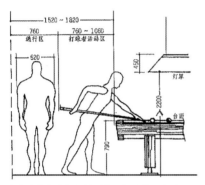

台球桌的高度与人的动作、视觉的尺度关系

墙挂电话

电话间

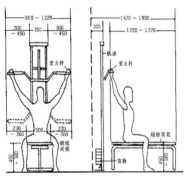

健身器具与人体尺度关系

桌面高度须与人的坐高协调

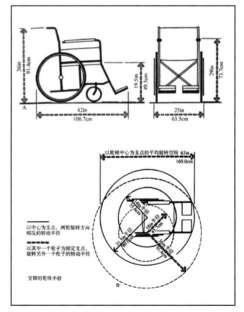

为轮椅尺寸的设计提供依据

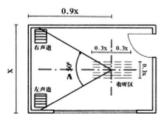

立体音响平面布置图

台球桌上面光环境应用

电视机最佳收看距离

电视机规格/英寸	最佳收看距离/m
9	1.15
12	1.500
14	1.8
18~20	2.50
22~24	3.00

室内热环境的主要参照指标

项　目	允许值	最佳值
室内温度（℃）	12~32	20~22（冬季）22~25（夏季）
相对湿度（%）	15~18	30~45（冬季）30~60（夏季）
气流速度（m/s）	0.05~0.2（冬季）　0.05~0.9（夏季）	0.1
室温与墙面温差（℃）	6~7	<2.5（冬季）
室温与地面温差（℃）	3~4	<1.5（冬季）
室温与顶棚面温差（℃）	4.5~5.5	<2.0（冬季）

不同室内环境的噪声允许极限值　　　　　　　　单位：dB

噪声允许极限值	不同地方	噪声允许极限值	不同地方
28	电台播音室、音乐厅	38	公寓、旅馆
33	歌剧院（500座位，不用扩音器）	40	家庭影院、医院、教室、图书馆
35	音乐室、教室、安静办公室、大会议室	43	接待室、小会议室

光色的视觉环境设计

（4）为确定人对室内视觉环境设计提供科学依据

人眼的视力、视野、光觉、色觉是视觉的要素。人体工程学通过计测得到的数据，对室内光照设计、室内色彩设计、视觉最佳区域等提供了科学的设计依据。

2.2　人体与室内空间组合

2.2.1　室内空间的组合

室内设计一般要进行空间组合,这是空间设计的重要基础。室内空间是由各种不同的界面合围而成。不同界面的形状构成了不同的空间组合类型，不同类型的空间给予人不同的行为和心理感受。对空间的设计，必须考虑到人的外部体形特征、人的动作特征和人的体能极限等因素对空间设计的影响。在设计这些人们所需的室内空间范围时，必须清楚人体活动需要多大的活动面积，有多少人活动在这个空间里，与其相关的家具设备需要空间的高度、宽度等，才能使人、物与空间达到最佳的和谐。

2.2.2　室内空间的构成形态

室内空间的构成形态主要是由天（顶棚）、地（地面）、墙面三个界面构成，而不同的空间形态构成会对其功能的使用形成不同的效果。所以，室内空间的设计是人体功能使用的前提，它是建筑空间的延续和发展，也是空间组合的再设计。不同的空间形成空间的大小，空间的高度形成不同的空间性格，会造成人的生理行为和心理行为的不同感受。

2.2.3　室内空间的类型

室内空间的类型可以根据不同空间构成所具有的性质和特点来加以区分，以利于在设计组织空间时选择和利用。由于人们对空间的需求是多样性的，不同类型的空间才能满足人们不同的需要。室内空间则根据不同的空间构成所具有的性质而分为以下几点：

（1）开敞空间与封闭空间

开敞空间和封闭空间是相对而言的。开敞的程度取决于有无侧界面或者界面的围合程度如何。开敞空间和封闭空间也有程度上的区别，如介于两者之间的半开敞和半封闭空间。开敞空间是外向型的，限定性和私密性较小，强调与其他空间环境的交流、渗透，讲究对景、借景、与大自然或周围空间的融合。而封闭空间用限定性较高的围护实体包围起来，在视觉、听觉等方面具有很强的隔离性。

（2）动态空间与静态空间

动态空间或称为流动空间，具有空间的开敞性和视觉的导向性，界面组织具有连续性和节奏性，空间构成形式富有变化和多样性，使视线从一点转向另一点，将人们带到一个有空间和时间相结合的"第四空间"。静态空间一般来说形式相对稳定，常采用对称和垂直水平界面处理。其空间比较封闭，构成比较单一，视觉多被引到一个方位或一个点上，空间较为清晰、明确。

（3）虚拟空间与虚幻空间

虚拟空间是指在已界定的空间内通过界面的局部变化，如局部升高或降低地坪和天棚，或以不同材质、色彩的平面变化来限定的空间。由于它缺乏较强的限定度，主要是依靠"视觉成形"来划分空间，所以也称为"心理空间"。而虚幻空间往往是利用镜面玻璃的折射，或者是通过一些超写实的绘画、现代数字影像技术等手段来反映的虚像，把人们的视线转向由此形成的虚幻空间，从而产生空间扩大的视觉效果。

（4）共享空间与母子空间

共享空间由波特曼首创，在各国享有盛誉。共享空间是一个具有运用多种空间处理手法的综合体系，它在空间处理上是大中有小，小中有大，外中有内、内中有外，相互穿插，融会各种空间形态，以此创造出具有罕见的规模和内容丰富多彩的室内环境供人们享受。母子空间是对空间的二次限定，是在原大空间中用实体性或象征性的手法再限定出小空间。通过其大空间划分成不同的小空间，增强了亲切感、领域感和私密性，使之相互沟通，闹中取静，更好地满足了人们的心理需要。

除了以上类型外，在室内空间设计中还有：亲密空间与疏远空间，凹入空间与外凸空间，穿插空间与灰空间等。

2.2.4　人体活动与室内空间

无论哪种空间的组合和类型都是为满足人的工作、学习、休息活动提供的一个空间范围。人体的结构尺寸与功能尺寸是相对静态的某一方向的尺寸，而人们在实际的生活活动中常以一种运动的状态处在这个空间的一定范围内。所以了解人体的肢体活动范围、动作的连续性、作业域的形式及影响人体活动空间因素就显得十分必要了。

（1）肢体活动

人体肢体的活动范围是人处于静态时，肢体围绕着躯体做出各种动作的范围。这种活动的空间范围是有限的，它是由其活动时的肢体角度及肢体长度相关组成。人体的肢体活动是由多个关节及肌肉的相互影响形成。研究人在相对静态时的活动形式范围，对于室内空间和家具物品的大小能适应于人，有十分重要的意义。一般人的肢体工作有多种姿态，其表现为立姿、跪姿和卧姿几种作业姿态。

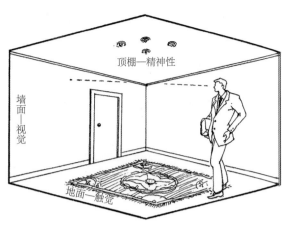

顶棚—精神性

墙面—视觉

地面—触觉

人体对室内空间界面的不同感受

封闭空间

开敞空间

开敞空间

开敞空间

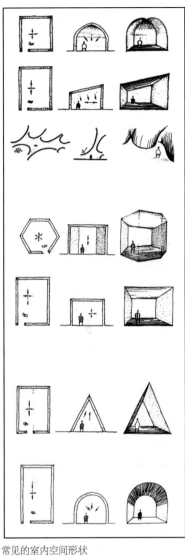

常见的室内空间形状

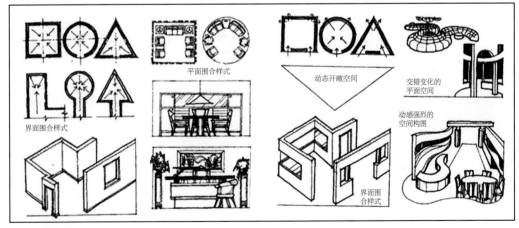

平面围合样式

界面围合样式

动态开敞空间

交错变化的平面空间

动感强烈的空间构图

界面围合样式

动态空间

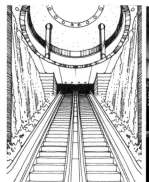

静态空间

虚拟空间

虚幻空间

共享空间

穿插空间

母子空间

凹凸空间

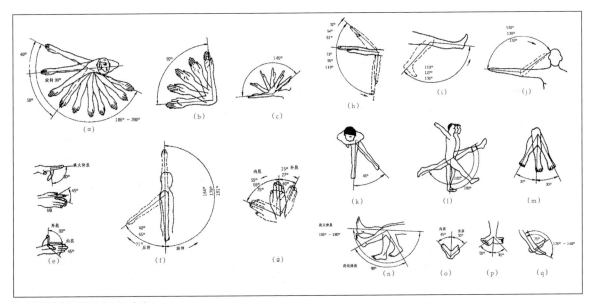

人体肢体活动的范围和受限角度1

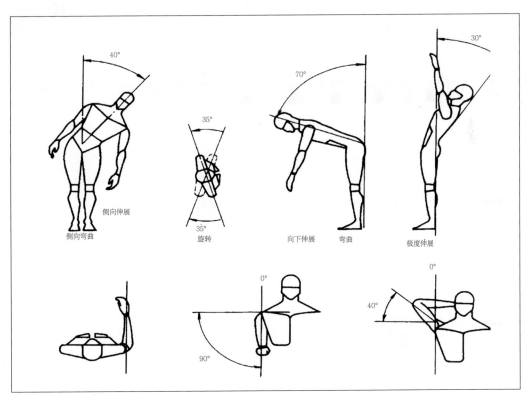

人体肢体活动的范围和受限角度2

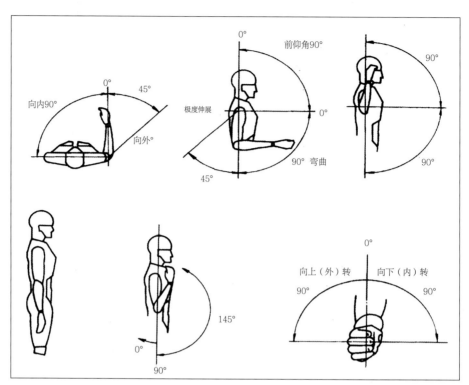

人体肢体活动的范围和受限角度3

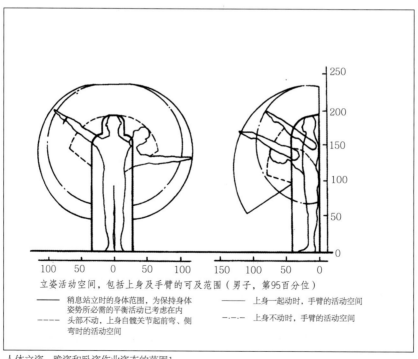

立姿活动空间，包括上身及手臂的可及范围（男子，第95百分位）

——— 稍息站立时的身体范围，为保持身体　　　　　　——— 上身一起动时，手臂的活动空间
　　　姿势所必需的平衡活动已考虑在内
----- 头部不动，上身自髋关节起前弯、侧　　　　　—·—·— 上身不动时，手臂的活动空间
　　　弯时的活动空间

人体立姿、跪姿和卧姿作业姿态的范围1

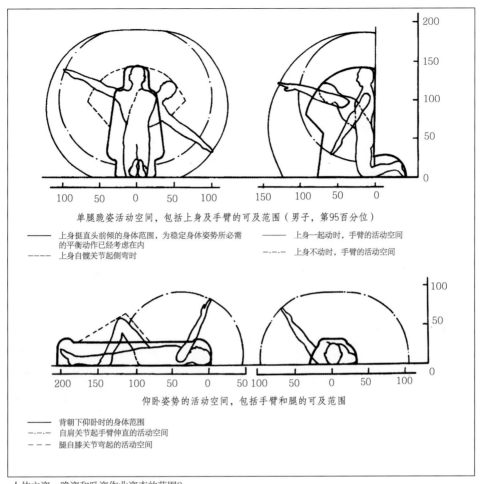

单腿跪姿活动空间，包括上身及手臂的可及范围（男子，第95百分位）

—— 上身挺直头前倾的身体范围，为稳定身体姿势所必需　　—— 上身一起动时，手臂的活动空间
　　　的平衡动作已经考虑在内

---- 上身自髋关节起侧弯时　　　　　　　　　　　　　　-·-·- 上身不动时，手臂的活动空间

仰卧姿势的活动空间，包括手臂和腿的可及范围

—— 背朝下仰卧时的身体范围
-·-·- 自肩关节起手臂伸直的活动空间
---- 腿自膝关节弯起的活动空间

人体立姿、跪姿和卧姿作业姿态的范围2

（2）作业域

从空间的范围来看，人体肢体活动的多种姿态具有二维平面形式和三维立体形式，形成了包括左右水平面和上下垂直面的动作范围，即"作业域"。对人体的这种"作业域"的了解和研究，无论对于工程设计人员，还是室内装饰和家具及设备的设计人员来说都十分重要。

①水平作业域是指人体站或坐时在台桌面上左右运动手臂而形成的运动范围。当手臂尽量伸出，左右活动能达到的范围称为最大作业域。而手臂自然、轻松活动能达到的范围为通常作业域。在设计时，常使用的物品，如键盘、写字垫板、讲台、课桌等均应设计在这个作业域内。所以水平作业域对于确定台桌面的长宽尺寸和上面各种设备和物品摆放位置是很有用的。

②垂直作业域指手臂围绕肩关节伸直作上下运动形成的范围。人体的这一活动姿态形式，对于生活中所触及的物体高低位置的设计至关重要，如柜架的搁板、挂件、门拉手等高度设计。垂直作业域主要表现在手的摸物高度和拉手位置等。

摸高是手举起时能摸到的高度。身高和摸高是有联系的。人们在设计各种柜架、扶手和操作装置按钮时，把手高度应在这个垂直作业域内。如搁板一般不宜超过男1 500～1 600 mm，女1 400～1 500 mm；门拉手的高度在900～1 000 mm为宜。但是，由于人体的差异和环境不同，在具体设计时也应充分考虑到这些因素，如儿童的门拉手、置物搁板高度均可适当降低。

（3）人体的活动空间（作业空间）

虽然肢体的活动范围的空间是立体的，但相对来说活动的姿态是静止的，更多具有平面的二维性。由于现实生活中人们在活动时并非总是保持一种姿势不变，而总是在不间断地变换姿态，随着活动的需要而移动位置。这种姿势的变换和身体的移动所需要的空间即为人体的活动空间，也叫"作业空间"。这种人体的活动空间在室内设计中极为重要。

2.2.5 人体活动与物的关系

在设计的实践过程中，除了要想到人体的静态尺寸和动态尺寸外，还必须充分考虑到人体在室内活动时经常会与室内的家具和设备发生联系。由于这些家具和设备的结构和使用功能不同，人们在使用和操作这些家具设备时，会产生为达到目的而形成的额外空间需求。如人在取物柜最下面的抽屉物体时需跪在地上，这样就会带来不方便；人们在观看影视屏幕或欣赏音乐时，人与屏幕及音箱应该保持适当的空间距离。所以我们在室内设计中应该充分考虑到这种人体与家具设备之外的空间的需求。

2.2.6 人体与界面

室内的界面构成了人体活动所需要的空间，无论地面家具物品的布局，人坐、卧、行需要的空间，墙面（隔断）的宽度、高度尺寸，装修的材质，色彩的设计，造型的应用，顶面的照明及风暖，消防的设计，都应该以人体的生理行为和心理感受需求为前提，才能充分体现"以人为中心"的设计理念。

（1）地面（楼面）

室内的地面是整个室内空间的划分、平面布置、家具物品的摆放、人流分向的重要界面，它的设计是否合理直接关系到整个室内设计的成败，所以，其尺度的设计更应该符合人体工程学。

（2）墙面（隔断）

室内空间的分隔变化、采光、隔音、视线遮挡及活动背景均是由墙面所构成的，特别是在墙面上门的宽度和高度，过道流通的宽窄尺度应用上也必须根据人的结构尺寸和功能要求为基准，这样才能保证人的安全性和舒适性的需求。如厨房、卫生间、卧室的门由于功能的应用有所不同，其宽度尺寸也是不一样的。

（3）顶面（天棚、天顶）

顶面与地面间的距离形成了室内空间的高度，它除了担当照明、风暖、消防的功能外，在造型样式、材料利用和色彩的设计上，对人的视觉和心理感受上的作用都显得十分突出。

2.3 人体感官与室内环境设计

室内环境中除了空间尺度对人体活动有影响外，其他诸多因素，如光环境、声环境、色环境、湿热环境等对人的感官影响也十分重要。人体的感官是指人对外界一切刺激信息的接收和反应能力。了解这种生理和心理反应，能为人在室内环境中感觉器官的适应能力确定设计参照标准。所以在设计中如何根据人知觉、感觉心理反应的特点去设计出适应于人的优质生活环境，具有十分重要的意义。

2.3.1 视觉与室内环境

人体对外部世界的感知，80%都是通过视觉系统来完成的。人体由于有视觉功能，才能对物体的形状、深浅、色彩、表面的肌理效果进行感知。人的视觉是个十分复杂的系统，其视觉具有视野、光感反应、视力范围、眩光与残像、视错觉等。在室内的视觉环境设计中，由于光的作用，人的视觉才能感知到色彩引起的人的生理和心理反应，所以光与色是不可分的。同时，应充分考虑到人体的视觉要求与环境因素之间的关系，如展览馆、博物馆陈设的高低、角度、形状，也是根据人视察物体间的距离远近高低、角度来确定的。所以，在室内的光环境设计中，对光的照度、照明方式、光适应、光亮度等应该以其需求来考虑。

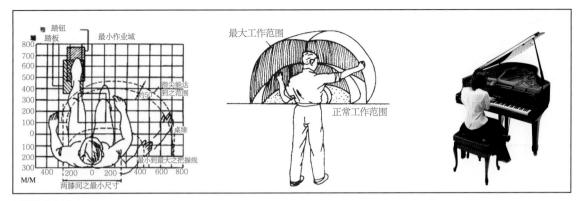

手脚的作业域

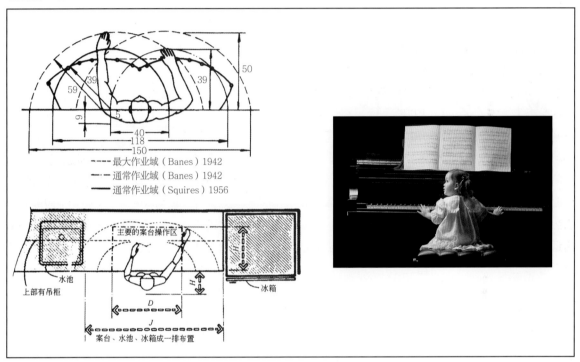

水平作业域

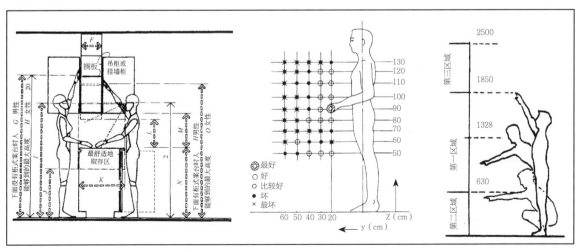

摸高的区域

垂直作业域实例

按照人的垂直手部作业域布置的控制台

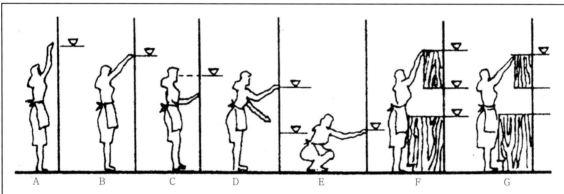

A是站立时上臂伸出的取物高度,以1900mm为界线,再高就要站在凳子上存取物品,是经常存取和偶然存取的分界线。

B是站立时伸臂存取物品较舒适的高度,一般为1750~1800mm。

C是视平线高度,1500mm是存取物品最舒适的区域。

D是站立存取物比较舒适的高度,一般为650~1200mm,但已受视线影响及需局部弯腰存取物品。

E是下蹲伸手存取物品的高度,一般为650mm以下,可作为经常存取物品的下限高度。

F,G是有炊事操作台的情况下存取物品的使用尺度,存储柜的高度尺寸要相应降低200mm。

成人女性摸高动作尺寸

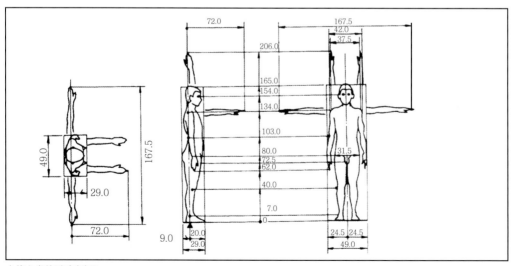

人体立坐的活动空间1

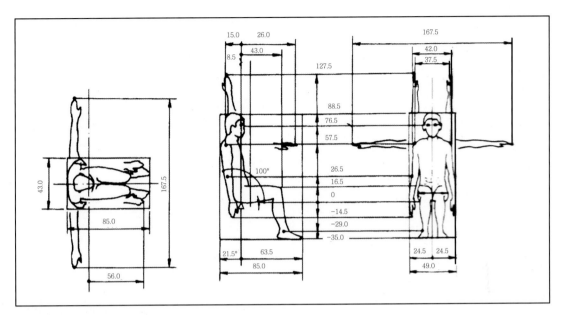

人体立坐的活动空间2

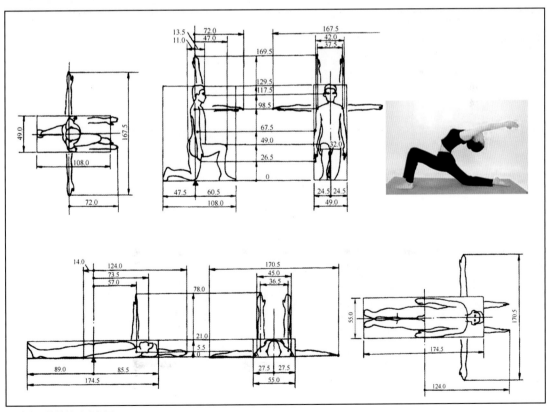

人体跪、仰躺的活动空间

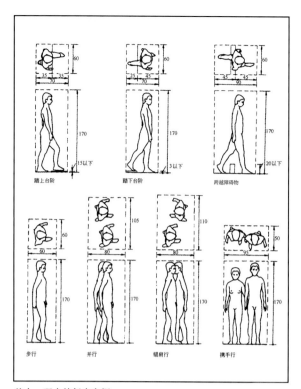

单人、双人的行走空间

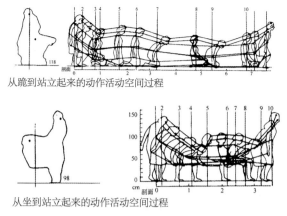

从跪到站立起来的动作活动空间过程

从坐到站立起来的动作活动空间过程

人与视听物的空间距离

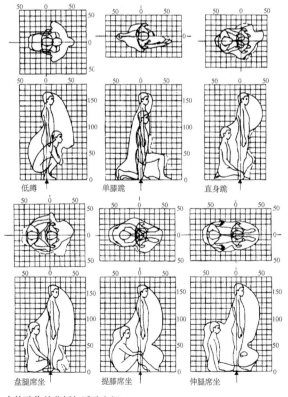

人体动作的分析与活动空间

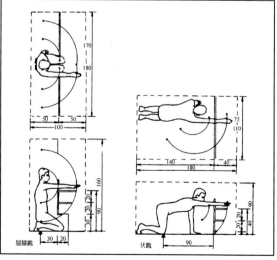

屈膝、伏跪需要的额外空间

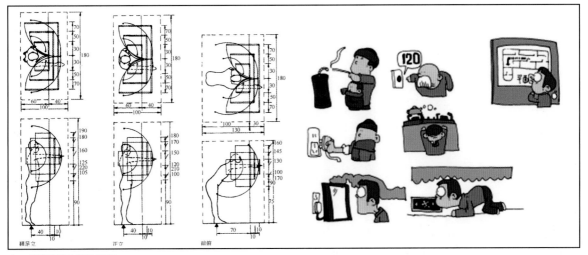

立、前俯需要的额外空间

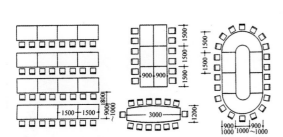

地面办公会议家具尺度

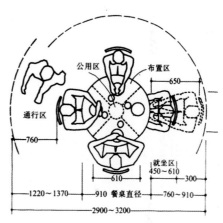

四人用小圆桌尺寸/mm

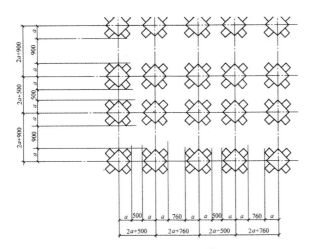

地面餐桌斜向布置时餐桌之间的净距离/mm

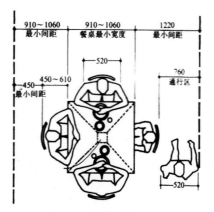

四人用小方桌尺寸/mm

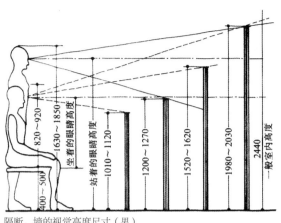

隔断、墙的视觉高度尺寸（男）

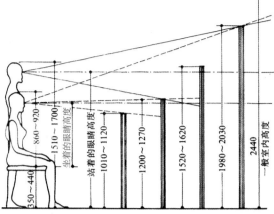

隔断、墙的视觉高度尺寸（女）

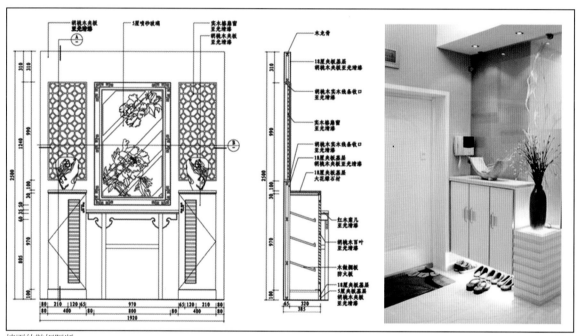

墙面的鞋柜隔断

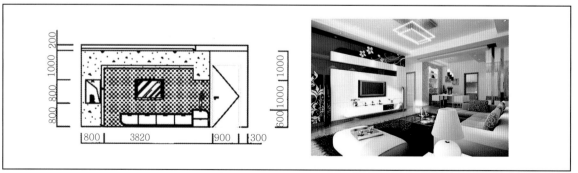

电视墙设计

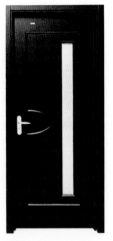

卧室门：高2000mm，宽800~900 mm，以保证2人能同时进出。

厨房门：高2000mm，宽720~800 mm，以保证1人能端东西自由通过。

卫生间门：高2000mm，宽620~750mm。

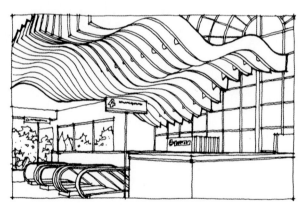

顶面流动的弧面造形与室内电动扶梯形成的活动空间构成了强烈的呼应

个性化的顶面设计给人的视觉感受十分强烈

感觉器官的分类与室内设计的关系

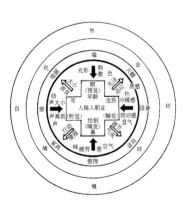

环境与人的相互作用示意图

人的感觉依作用可分为	视 觉	听 觉	触 觉	嗅 觉	味 觉
与它们对应的器官	眼	耳	皮 肤	鼻	口 舌
在室内环境中它们作用的大小	大	大	某 些	几乎无	无
由于各种感觉各自负担的信息不同，故其感觉基础不同	色 彩	声 强	温 度	香、臭等	甜
	亮 度	音 高	压 力		酸
	远 近	音 色	部 位		苦
	大 小	节 奏	痛 感		辣
	位 置	方 向	触 感		咸
	形 态	旋 律	摩擦感		
	符 号				

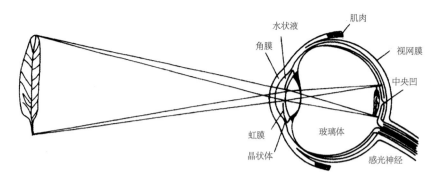

人眼结构示意图

水状液 肌肉
角膜 视网膜
中央凹
虹膜 玻璃体
晶状体 感光神经

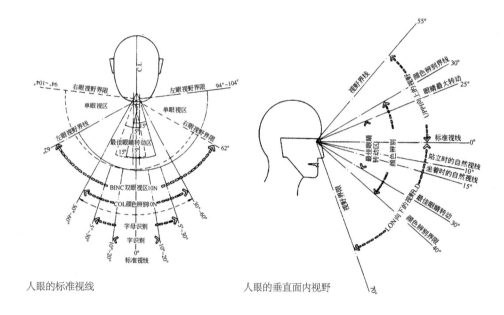

人眼的标准视线

人眼的垂直面内视野

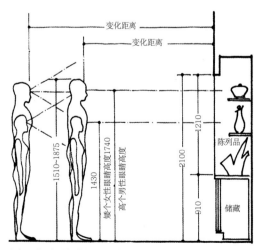

人与展柜陈列间的视觉尺度

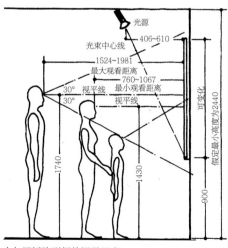

人与展板陈列间的视觉尺度

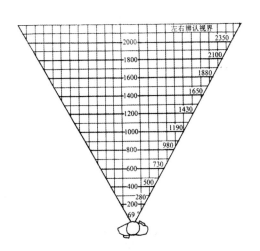

展品陈列与视野关系（水平）

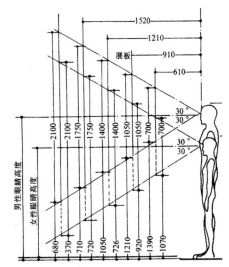

展品陈列与视野关系（垂直）

视觉的识别度

光对视觉的导向性

线对人体视觉的引导

人在各种不同区域作业和活动的照度范围需求

照度范围 / lx	区域、作业和活动的类型
3~5~10	室外交通区
10~15~20	室外工作区
15~20~30	室内交通区、一般观察、巡视
30~50~75	粗作业
100~150~200	一般作业
200~300~500	一定视觉要求的作业
300~500~750	中等视觉要求的作业
500~750~1000	相当费力的视觉要求的作业
750~1000~1500	很困难的视觉要求的作业
1000~1500~2000	特殊视觉要求的作业
>2000	非常精密的视觉作业

2.3.2 听觉与室内环境

听觉是除了视觉之外，人体感觉外部世界的第二大系统，它是通过人的耳朵来完成对乐音和噪声感知的。人的听力范围非常广泛，但会随着年龄、环境等的改变引起下降。在室内听觉环境设计中，对乐音（由规律的振动而形成的和谐悦耳的声音）的有效有利应用和对噪声（使人烦恼的声音）的有效控制设计都显得十分重要。如音乐厅的顶、墙面构建造形、吸声材料及工艺、对声音的科学应用、室内背景音乐的设计，都能营造出一个和谐轻松、消除人体疲劳的环境。

噪声控制设计，主要是指室内建筑材料的选用、构造。如办公室的顶棚多选用吸声板材料，门、窗的加固、加重、密封等能达到声源的消隔作用。另外，合理地布置房间，尽量地使需要安静的房间远离噪声源，如办公室、老年人居住的房间等。

2.3.3 触觉与室内环境

触觉是人体的肌肤对体外环境刺激作出的反应。触觉主要包括了温度觉、压觉、痛觉等。在室内环境中，触觉的反应主要是人体对室内地面物理环境的反应，主要体现在温度和压力方面。从人的体温角度来讲，当环境的温度降低或高于人体体温而使人不适时，可通过冷暖的物理变化（冷暖空调）来进行调节，以达到人体感觉舒适和生理调节平衡。由于压力的作用，人体在直接接触物体时，也会对物体的软硬度、粗糙度、平滑细腻感等作出不同的感觉。如木地板具有弹性自然感；石材的触觉给人以坚实感等。而地毯给人的感觉则温馨柔软，所以宾馆房间、会议室的地面多选择地毯材料。

2.3.4 嗅觉与环境

在室内外环境设计时，有时往往会忽略空气环境对人的嗅觉影响。清新的空气能使人感到心旷神怡，腐烂霉臭的气味令人恶心。为了保持室内良好的嗅觉环境，首要问题是要解决自然通风或空气流通的问题。长期处于不通风的室内，势必会影响人的身心健康。现代装修大量使用的人造板、地板以及家具等，这些都含有一定的甲醛和有机溶剂有害气体，它们将挥发出来并长期在空气中游离，人对甲醛会产生过敏反应，并通过眼、喉黏膜及皮肤发生中毒，长期接触必定导致疲劳、记忆力衰退、头疼、失眠等症状，并有可能导致鼻咽癌及呼吸道癌。因此，对室内有害气体的浓度更要予以充分关注，要严格控制游离甲醛超标的装饰材料和产品进入室内，以确保人们工作、学习、生活的环境有利于人的身心健康。

2.3.5 心理与室内环境

室内空间由具体的界面围合而成，人们通常是以生理的尺度去衡量室内空间的合适性。而心理空间却是指人们在心理上对空间范围的满意程度，而室内环境是影响心理空间形成的外界事物（周围的情况）。人的心理和行为与室内环境紧密相联，相互产生影响和作用。不同的工作和生活环境因素会给人不同的心理感受。特别是室内空间在形状、大小、色彩设计上的不同，会给人造成不同的心理感觉。例如，设计营造出简洁、明亮、高雅的办公空间环境，这种环境能使在这一氛围中工作的人们有良好的心理空间感受。

（1）空间的形状

空间的形状是由其界面形状及构成方式决定的。比如正方形、正八角形、圆形等平面规整的形状，具有形体明确肯定、稳定而无方向性的特点，即一种向心或放射感。这类空间形状较适应于表达严肃、隆重的气氛；矩形平面的空间，如果是纵向的具有一定的导向性，横向的则有两边的伸延和展示性；三角形的平面空间则会形成不规则、活泼、向上拉高的心理空间。

（2）空间的大小

室内空间尺度的大小、高低都会给人造成不同的心理感受：高空间给人以崇高、神圣、向上升腾的感觉；宽大的空间显得气魄、开朗、舒展，过大则空旷，使人有渺小和孤独感；小空间显得亲切，具有私密性，但过小则令人局促憋闷，低矮窄小空间则显得压抑。

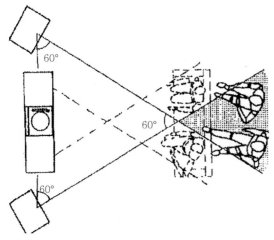

欣赏立体音响的需求空间

室内适度的视听空间

花岗石石材的坚实感

地毯的柔软感

嗅觉对人的影响

健康环保的装饰涂料

（3）空间的色彩

室内环境中色彩的应用十分重要。不同的色彩环境会使人产生不同的心理感觉。例如，夏日炎炎的室内使用蓝色调则显得清凉、舒润；卧室用粉红、淡紫来装扮，室内会令人温馨、亲切；以绿色调为主的室内环境充满生机；桔色为主的快餐店令人甜蜜；柔漫而丰富多彩的室内环境则使人产生梦幻般的心理空间。

除了以上的色彩环境因素对人的心理空间有很大的影响外，在室内环境中，表面装饰材料、灯光照明的变化，界面的造型式样位置和方向，视觉的角度和远近等诸多环境因素也会使人产生不同的心理空间效果。如大理石材料令人高贵、冷静、坚实；暗弱的室内环境使人精神不振，空间变小；与不相识的人坐在一起时总希望相背而坐，保持距离，避开视线等。这些都是心理空间的存在与应用。

简洁的空间设计营造出舒适的心理环境

绿色的办公环境

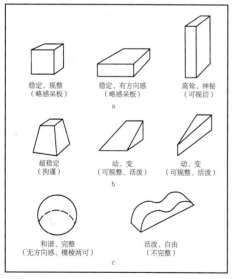

空间形状对人的心理感受

三角形的屋顶拉高了空间

圆形的空间显得和谐流动

异形的空间活泼多变

低矮的阁楼

宽敞的卧室

高大的教堂

宽大的室内运动场

清凉的卧室

充满生机的办公环境

富有跳跃感的儿童房间

甜蜜的快餐店

梦幻的色彩空间

具有藏式风格的色彩空间

清爽的蓝白色调空间

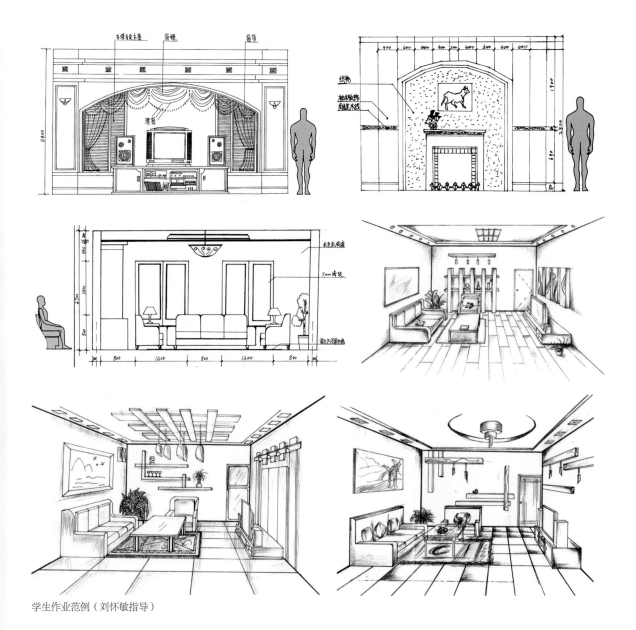

学生作业范例（刘怀敏指导）

| 知识重点 |

1.人体工程学在室内空间的作用有哪些？

2.室内空间的类型。

3.人体活动与室内空间。

| 作业安排 |

1.以生活中的事例来说明人体工程学在室内空间中的作用。

2.选择一个室内平面图，对其空间里面物的摆设与人的关系进行分析。

3.分析一个室内空间的色彩对人的心理感受。

3 人体工程学与室内家具设计

3.1 家具的分类及人体因素

3.1.1 家具的分类

现代家具类型可按照其不同的种类属性进行分类。

①按家具风格可分为：现代家具、欧式古典家具、美式家具、中式古典家具、新古典家具。

②按所用材料将家具分为：实木家具、板式家具、软体家具、藤编家具、竹编家具、钢木家具，及其他材料组合（如玻璃、大理石、陶瓷、无机矿物、纤维织物、树脂）家具等。

③按功能家具分为：办公家具、客厅家具、卧室家具、书房家具、儿童家具、厨卫家具（设备）和辅助家具等几类。

④按家具结构分类：整装家具、拆装家具、折叠家具、组合家具、连壁家具、悬吊家具。

⑤按家具产品的档次分类可分为：高档、中高档、中档、中低档、低档。

⑥按产品的产地划分：可分为进口家具和国产家具。

除了以上分类外，家具按其基本功能可分为：人体家具、贮藏家具、装饰家具；按其使用材料可分为：木制家具、金属家具、竹藤家具、塑料家具、皮革布面家具；按其结构形式可分为：框架式家具、板工家具、折叠式家具、拆装式家具、固定式家具、充气式家具。

3.1.2 家具中的人体因素

（1）立式家具的人体因素

立式家具的人体因素是指，家具的高度设计是以人站立着的行为动作为基准点，根据人的生理结构和人的动态使用行为来确定家具的具体尺度以满足站立着的人操控需求，如衣柜、书柜、货架、厨房吊柜及各种立式工作台面等。

（2）坐式家具的人体因素

坐式家具是以人的坐位（坐骨结节点）为基准点进行测量和设计的家具，除了在设计时要充分考虑到人在坐着时各部分产生的尺度变化外，更重要的还要考虑到其重心所带来的安全性，如椅、凳、沙发、书桌、餐桌等。

（3）卧式家具的人体因素

卧式家具是以人体卧位为基准点进行测量和设计的家具。在卧式家具中，最主要的是床和能作为床使用的沙发床等。一个好的床设计会带来好的睡眠质量，所以卧式家具在满足人们睡觉的功能尺寸需求外，其内部构造、材质的应用、色彩等也很重要。

3.2 家具的设计应用

无论什么样的家具，其最终目的是要让人坐着舒适，睡着香甜，使用起来安全可靠，减少人的疲劳感而提高工作效率。为了满足这些要求，家具设计时，必须以人体工程学作为指导，使家具符合人体的基本尺寸、生活行为特征、心理感受和从事室内活动需要的空间环境。

3.2.1 立式家具的设计应用

前面谈到了人体工程学中人体测量尺度一个主要的作用就是作为生活中家具设计的主要依据。

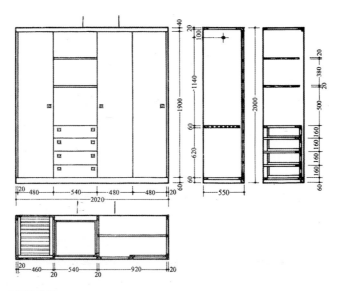

衣柜的设计

欧式古典家居

中式古典家居

实木家具

现代钢木家居

卧室家居

板工家居

藤木家具

折叠家具

金属家居

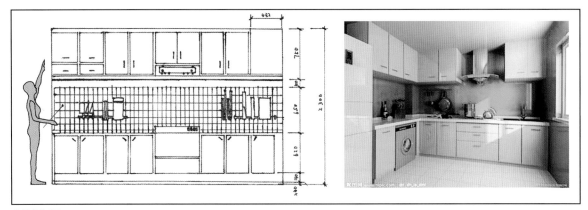

整体橱柜图

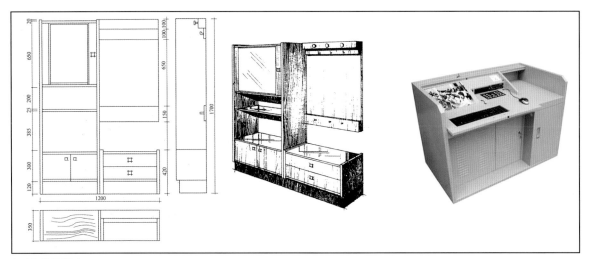

组合柜的设计图

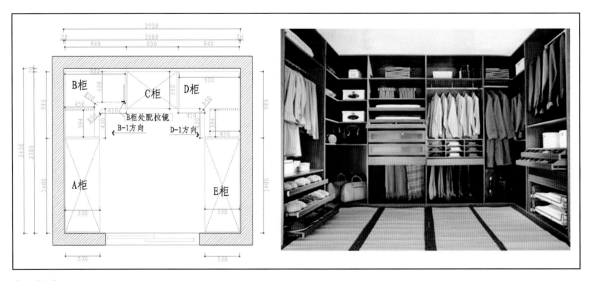

步入式衣柜

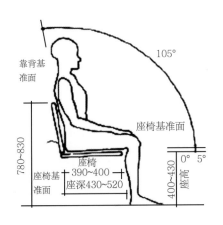

105°

靠背基准面

座椅基准面

780~830

座椅基准面

座椅

390~400

座深430~520

0°　5°

400~430

座高

一般座椅与人的基本坐式

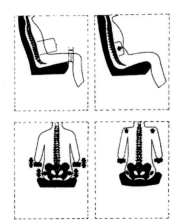

座椅支撑性

可调节办公椅

创意沙发

快餐桌椅

两用组合沙发床

双人床

贵妃椅

立式家具高度尺寸应以人的立位基准点为准，才能设计出满足人们站立时所作业的家具。家具设计只有在符合人体的生理结构尺寸和行为活动尺度的基础上，人们在家具的实际使用中才能达到安全、舒适、效率高的功效。这里主要以较典型的立柜家具的设计应用进行实例分析以起到举一反三的思维设计效果。

（1）衣柜

通常的衣柜设计尺寸为：高2 000~2 400 mm，厚550~600 mm。这是由人的结构尺寸所决定的，因为一般成人的肩宽约为410mm，为了方便取衣，衣架应侧挂在柜里，如果衣柜的深度尺寸小于这个尺寸，那么将无法满足挂衣和取衣的要求。在挂衣杆高度的设计上，挂衣杆上沿离柜顶板不小于400mm，大了浪费空间，小了则衣架挂不进去；挂衣杆下沿离柜底板应不小于1 350mm，才能满足挂长大衣的长度要求。

（2）书柜

书柜的设计是基于人站立时的行为和书的大小尺寸来进行设计的，其基本尺寸为：高1 800~2 000 mm，厚210~300 mm，宽约1200mm，下柜高800~900 mm。这是因为一般成人举手取书时，手离地面的高度常在这个尺寸范围内，过高则取不到书，人的视线也看不到书脊的书名。厚度为210~300mm，是因为一般书的宽度在180 mm左右，尺寸小了书放不进，尺寸大了则浪费空间。还有，常用的书柜设计多为上柜为开敞，下柜为封闭式以存放杂志和不常用的书。这是因为开敞的书如果存入在低于离地面的300mm以下，那么人在取阅时就必须弯下人，容易感到腰肢不适，而且也难以看到书背上的字。

（3）整体橱柜

整体橱柜由上部吊柜、操作台（底柜）和上下柜之间的操作空间组成。其基本尺寸是，吊柜的上沿离地面的最小距离不低于1 460mm，吊柜厚度为250~350；底柜的高度为890~920mm，厚度为600mm；吊柜的下沿与底柜上方的操作台相距为560mm。这种设计同样是基于人体站立时的基

本活动尺寸及视觉角度等。底柜的高度刚好是双手水平抬起的高度，使人在操作时既不因弯腰过低而感觉吃力，也不会因过高而使双手抬起乏力。灶台宽度600mm也与人的手臂伸出距离尺寸相吻合，能满足人拿取物品和操作的需求。为什么吊柜的厚度在250~350 mm呢？这是因吊柜的下沿已低于人的头部，而人在操作时须埋下头，如果吊柜的厚度也设计为600mm，设计中不考虑到人体由于埋头时所需要的活动空间，那么吊柜就会抵撞人的头部，也挡住了人的视线，使人无法活动操作。

3.2.2 坐式家具的设计应用

舒适安全的坐式家具，可使人提高工作和学习效率，减轻劳动强度，不损害人体健康。那么，坐椅的高度、深度和宽度，座位的基准点、靠背弧度和倾斜度，膝关节内侧的角度，两脚与地面的支撑情况等必须符合人体的生理结构和尺度。

椅子和座位在使用的范围和用途上各有所不同（如大班椅和露天看台坐椅），又加之人体个别差异的复杂化，其设计上也有不同要求，但仍须遵循人体的基本结构尺寸和共有的行为方式及心理活动。这里主要是以坐椅、沙发为例来说明。

（1）坐凳、坐椅（带有靠背）

坐椅的设计核心在于座高、座深、座宽、靠背高度及斜度、扶手高度和整体安全稳定性。一般椅子的高度常定为390~420mm，如果高度大于人体下肢长度500 mm时，人的两足就不能落地，会使大腿内侧受压，久坐时血液循环不畅，肌腱就会发胀而麻木。如果高度小于380mm，人的膝盖就会拱起，大腿得不到依托支撑，体压就会集中在坐骨结节点上，久坐会产生酸痛感，人起立时显得困难。坐深的尺寸常为380~420mm，坐深对人体坐姿的舒适和健康也有很大影响。坐面过深，人体腰背得不到依托，一旦坐下时就不自主地产生往前倾的趋势，造成腰部肌肉疲惫而不舒，使腰部肌肉强度加剧而产生疲劳及不舒适，同时也会使膝窝处受压而产生麻木感，人难以起立。

坐椅的坐宽一般不应小于380mm，并呈前宽

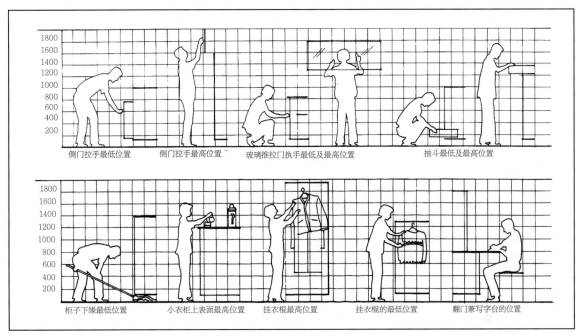

侧门拉手最低位置　　侧门拉手最高位置　　玻璃推拉门执手最低及最高位置　　抽斗最低及最高位置

柜子下缘最低位置　　小衣柜上表面最高位置　　挂衣棍最高位置　　挂衣棍的最低位置　　翻门兼写字台的位置

衣柜各部分的尺度

组合衣柜

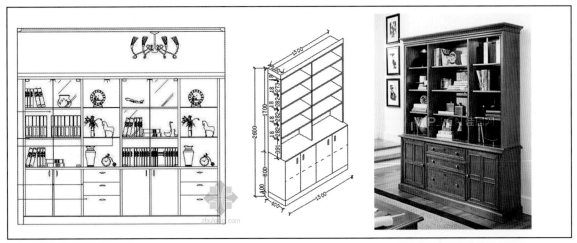

书柜设计

书香十足的书柜

简洁现代的书柜

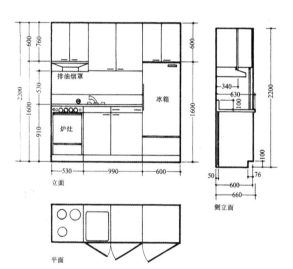

橱柜平、立面图

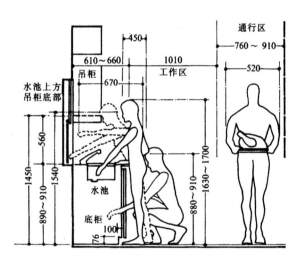

厨房台面水池的活动尺度

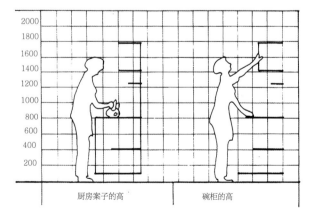

橱柜的作业空间

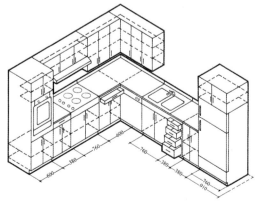

整体橱柜构造

整体橱柜设计示例

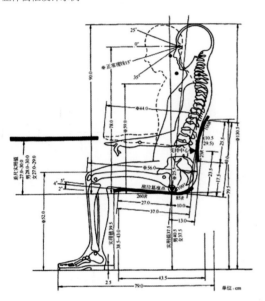

人体坐姿结构示意图

角度和尺寸比较

	阅 读	休 息
座位的倾斜	23°～24°	25°～26°
靠背的斜度	101°～104°	105°～108°
座位高度/cm	39～40	37～38

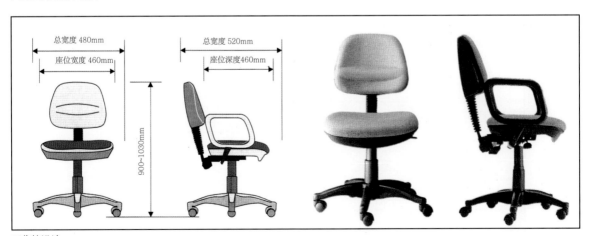

工作椅设计

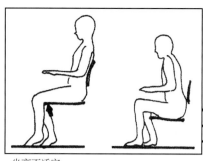

坐高不适宜

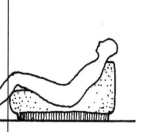

坐面太深难以起身

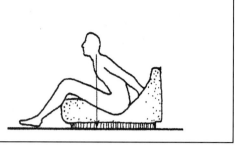

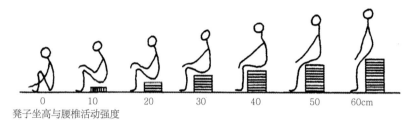

凳子坐高与腰椎活动强度

坐面高度/cm

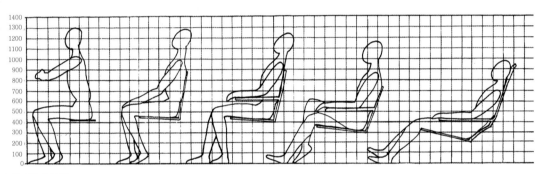

各类凳椅的尺度

各类凳椅常用尺寸表

	凳		靠背椅			扶手椅			沙发			躺椅		
	一般	较小	较大	一般	较小	较大	一般	较小	较大	一般	较小	较大	一般	较小
H	440	420	820	800	790	820	100	790	900	820	780		800	
H₁			450	440	430	450	440	430	450	480	360		370	
H₂			425	415	405	425	415	405	350	530	310		250	
H₃						650	640	630	560	550	530		450	
H₄			400	390	390	400	390	390	600	510	490		520	
H₅													280	
W	300	340	450	435	420	560	540	530	730	720	700	800	760	760
W₁						480	460	450	560	550	530	580	550	530
W₂			420	405	30	450	450	420	500	510	490	540	520	500
D	280	265	545	525	520	560	555	540	790	770	750	970	950	930
D₁			440	420	415	450	435	425	560	520	500	520	500	480
<A			5°15'	3°20'	3°25'	3°12'	3°18'	3°22'	6°10'	6°18'	6°24'		24°	
<B			98°	97°	97°	100°	98°	97°	105°	105°	104°		129°	
<C													142°	

现代座椅靠背与扶手采用弧形方式，满足了人体生理结构需要　　工作椅的靠背设计，给人以舒适感

后狭的形状。前宽是有利于人坐时双腿分开能自由活动。如果是有扶手的坐椅，应以扶手的内宽作为坐宽的尺寸，一般不应小于470 mm。而扶手的高度在椅面以上200 mm为宜。坐椅靠背是坐椅舒适度和安全的关键部位，无论是低靠背，还是高靠背，其形状应与人体坐姿时脊椎形状相吻合，设计时应特别注意在腰椎的第二椎骨处要得到舒适的支撑面。该尺寸约在坐面以上250～300 mm。由于人脊椎的生理构造，人坐时其上肢不可能与地面成垂直线，是有倾斜度的，这个靠背角度（靠背和座位之间的夹角）约100°为宜。

另外，在设计坐椅时，以下问题也应引起重视：

理想的椅子靠背应在水平（坐椅）和垂直（坐高）两个方向均可调节、旋转并注意其稳定性和安全性。

对于普通工作椅来说，坐深可适当浅点，而休息椅子坐深可略深一些，躺椅坐深则更大。

根据设计需要，如坐椅高度需升高（如水酒吧椅），应设计踏脚垫。

如坐椅不是单个而排成一行时，坐椅的宽度须考虑人肘与肘的活动宽度。

人的脊柱并不是孤立的、僵硬的单元。当一个人斜倚在椅子上时，其后背的上半部分会向后倾，而下半部分则会向前方靠。这使得椅子的靠背与人的后背的下半部分之间产生了空隙，从而使背部逐渐向下沉，严重时导致驼背。

脊柱和指纹一样，都是因人而异的。每个人都有各自的"脊柱纹"，而且这个"脊柱纹"会随着姿势的变化而变化。当人们在桌旁坐下时，大多数人都会很自然地使自己处于视线和触摸范围内的理想位置。这个位置让人能最好地看到或够到所要做的工作。可是，一旦人斜倚在椅子上时，身体就会远离这一理想位置，从而会拉大与工作范围之间的距离，人就不得不向前倾身、斜眼或努力争取挪回原先的位置。

力普椅正是针对上述设计矛盾和冲突而进行开发和设计的。其产品开发公司为了开发"仿真靠背技术"，耗费了大量的物力和四五年以上的时间进行研究。最后，开发公司委托IDEO设计公司进行造型和可制造性设计。力普椅外露的背部支架及所采用的相关技术使得椅子能准确配合使用者的坐姿改变而有所调整；同时其造型漂亮而得体，确实是一把不落俗套、利于健康的舒适座椅。这款产品是典型的"含有计算机的机器"，完美地体现了人机交互功能的优势。

（2）沙发

沙发的主要功能是用于休闲、交流，其坐姿的活动范围相对较大，特别是在居室内和公共环境中应用很广，加之材质的多样性，所以在其功效尺寸方面与坐椅有所不同，但设计仍然应符合人体的基本尺度和生理行为特征。

单人沙发的前宽度最小不能小于480 mm（一般约为800 mm）。一旦小于这个尺寸，人即使能勉强坐进去，也会感到拥挤，难以自由动弹而失去休闲的意义。沙发坐面的高度约为360～420 mm（含坐垫压力后的高度），过高就如坐在椅子上，人感觉不舒适；过低，人站起来时会感到困难。沙发的背高应在人斜靠时处于人的后颈窝处，一般在离地面700~900 mm。由于沙发的休闲性，沙发坐面的深度（净深度）应在480～600 mm范围内，过浅则人腿前面无支撑，就感觉会往前滑，人坐不住；过深，人的小腿则无法自然下垂，难以平落地面，腿肚会抵压坐前沿而受到压迫，久之会感到酸痛（现在躺式沙发式则除外）。沙发扶手的高度根据人体工程的要求，以在坐面以上200 mm为宜。

以上是单人沙发的基本尺度，如果是双人、三人、四人或多人沙发，其坐面深度、坐面和背高高度均无多大变化。但其坐面宽度则因人与人坐在一起，没有扶手相隔，所以其坐宽的尺寸有所不同。双人式1 260～1 500 mm；三人式1 250～1 960 mm；四人式2 320～2 520 mm。

（3）桌类

桌类由于功能和用途不同，其功能尺寸也有所不一样。

①坐姿桌

坐姿桌如写字桌、餐桌等，其基本尺度的设计原则是：桌子的高度应该与其坐椅取得协调一致。人坐在椅上，在桌面上抬手活动时，应感到轻松自如。如书桌过高，易造成人脊柱的后侧弯，引起耸肩，会使人形成趴伏的姿势，久而久之引起相关肌肉的紧张和眼睛的近视；如书桌过低，会使人体脊椎前弯曲过大，造成驼背及生理的不协调。因此，按国际标准（ISO）规定，桌椅面的高差值为300 mm。我国国家标准规定桌面高度为700～760 mm。

在实际应用时，也可根据不同的使用情况作适当的高度调整。如西餐餐桌，由于使用刀叉，人双手抬得较高，可将餐桌高度稍降低一点。

桌面的深度长度尺寸也应根据用途而定，一般以人坐姿时，手在桌面上伸直可达到的水平距离以及能拿到放置的物品为其桌面尺寸的依据。另外，坐姿类桌还应充分保证人坐姿时下肢能在桌下自由伸展活动。所以桌子下面设计有抽屉的桌子，其抽屉的下沿应距椅坐面至少有150～172 mm的净空尺寸。我国国家标准规定，桌下容膝空间净高应大于520 mm。

②立姿用桌

立姿用桌主要指人站立使用的桌子和台子，包括讲台、服务台、水酒吧台、营业柜台及各种操作台。桌台高度主要取决于人体站立姿势及手臂抬高伸展活动的姿态。如果按我国人体的平均高度作参照，一般立姿用桌台高度为910～960 mm。而桌面长宽的尺寸没有统一规定，主要根据人体动作需求和桌台上放置物品的状况及使用功能来确定。但应注意，立姿用桌的桌台底部必须留有容足的空间，或人站立的桌面前宽要大于桌的支撑面（或足），这样才能保证人体能紧贴桌台面的行为和动作的需求。容足空间是向内凹的，其高度为80 mm，深度为50～100 mm。

3.2.3 卧式家具的设计应用

卧式家具主要是指供人睡眠的床（包括兼有睡眠功能的躺式沙发等）。人体有三分之一的时间在床上度过，床是供人们睡眠以达到消除疲劳、恢复体能以利更好工作、学习的必备家具。所以，人体睡眠质量的好坏直接与床的设计密切相关。

（1）床宽

一般是以人体的仰卧姿态作基准，以人的肩宽的2.5～3倍来设计床宽。我国的人体肩宽平均为410 mm左右，按此计算，单人床的宽度应以1 000 mm为宜，如因房间和环境的限制，单人床的宽度最低限度不能低于700 mm。这也是基于人体在睡眠时随时翻侧的原因，这样才能保证其安全。而双人床的宽度也应以两人的肩宽加上活动余地为设计的基本尺寸。

（2）床长

人体平躺时，四肢常有伸展的动作，所以床的长度除了以较高的人体作为设计标准外，还要考虑到这个因素。床的长度可按下列公式计算：

$L=H$（平均身高）$\times 1.05+A$（头前余量）$+B$（脚后余量）。一般成人床长应在2000mm左右；净空尺寸不能低于1920mm。对于公共环境下使用的床（宾馆客房的床），一般不设脚架，以便加接脚

具有同步倾斜调节功能的办公椅（根据人体体重为45~100 kg）

有踏脚垫的高椅

休息椅设计

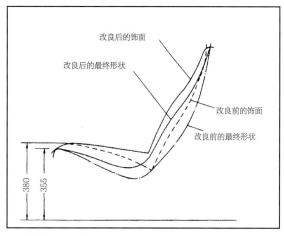

椅子设计中的几个难点

力普椅——"含有计算机的机器"

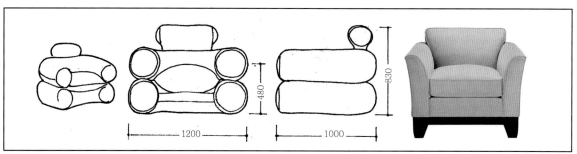

单人沙发的尺寸/mm

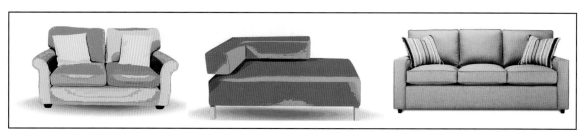

多人沙发设计

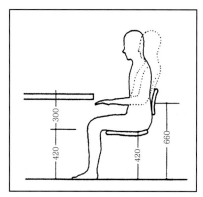

坐式桌椅尺寸

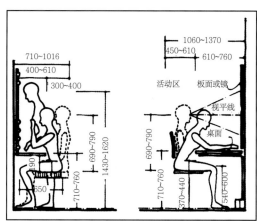

梳妆台、书桌尺寸

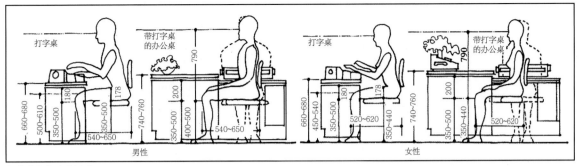

打字桌和办公桌尺寸

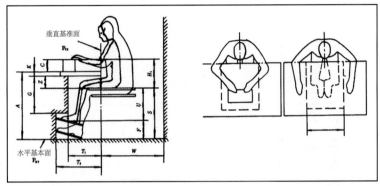

坐姿工作岗位尺寸

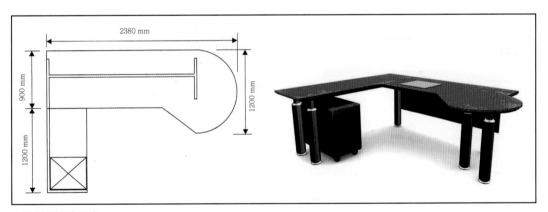

办公桌的造型与尺度

会议桌

办公桌与人的关系

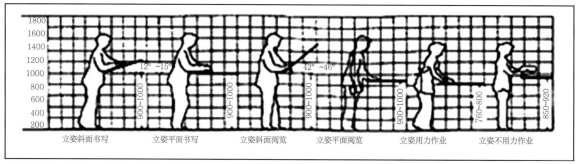

立姿用桌与人体尺度关系（mm）

立姿工作岗位尺寸　　　　　演讲台　　　　　　　操作台　　　　　演讲台与人立姿的关系

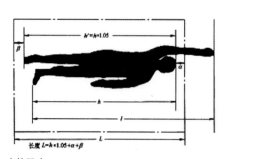

床的尺寸

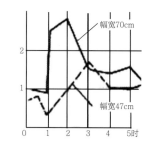

物具的幅宽与睡眠的深度

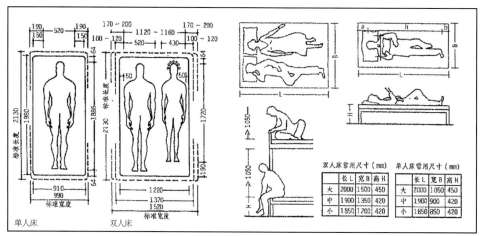

床的尺度

凳，以利于满足特高人体的需求。

（3）床高

落地床的床高，最好与椅子的高度相一致，使其兼有坐卧的功能。一般床高约为400～500mm（包括床垫高度），床头柜的高度也一样。对于双层或多层床，其上床的床底面与下床的床面之净空不能低于1050mm，这样人坐在床上才能保证活动的需求。

人体在睡眠时，其骨肉的生理结构和机能与人体站立时有所不同。睡眠时人体的脊椎处于松弛的伸展状态，人体各部分重量是横平垂直向下的，而人体的各体块重量又不同，从而使人平躺时与床的接触产生的体压（下沉量）也不同。更主要的是，人体在睡眠时并非是一直处于一种静止的姿势，而是经常辗转反侧。因此，在设计床的功能尺寸、材质软硬度时，应充分地注意到这些因素，才能使人体处于最佳的休息睡眠状态。

（4）床的软硬和压力

另外，床面材料的软硬度和现代床的结构对于人体的睡眠质量也十分重要。材料的软硬舒适程度与体压的分布直接相关。如材料太软，压力集中于腰部会使其下沉，腰椎变形，腰部肌肉受力，使人产生不适感而影响睡眠。

（5）床具设计的未来设想

情趣化、人性化、科技智能化的设计可能会是未来床具设计趋势。这里，不妨一起从多个角度来浅析和探讨未来床具的设计设想。

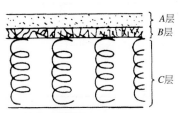

床的结构

睡眠时的运动

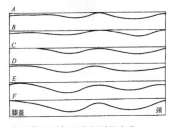

床面软硬引起腰背部形状变化

睡眠时的活动空间

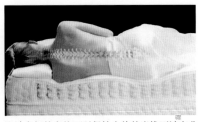

设计良好的床垫可以保持人体的脊椎不被弯曲

具有未来太空感的床

巧克力床的惬意

有利人们背部和脊柱健康的胶囊睡床

富有弹性而又充满情趣的圆球床

静睡在海洋世界

有创意感的床

慢摇入睡的床

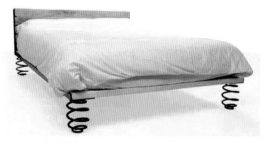

微小颤动的弹簧床

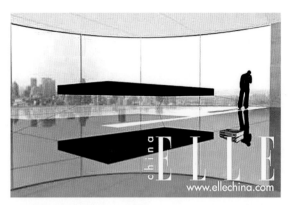
可随意升降与旋转的磁力漂浮床

带有光疗法，设有ipod音响环绕系统的蛋形床

| 知识重点 |

  1.家具中的人体因素。

  2.家具设计的设计尺度。

  3.坐式家具的设计应用与分析。

  4.卧式家具的设计应用与分析。

| 作业安排 |

  1.对选好的整体橱柜图片，对其各个部位进行尺寸的标注。

  2.完成规定的坐式家具设计方案草图。

4 人体工程学与居室环境设计

将人体工程学引入室内设计，其含义为：以人为主体，运用人体计测尺寸及人的生理、心理计测等手段和方法，研究人体结构功能、心理因素、视觉感观、照明温度等方面与室内环境之间的合理协调关系，以适合人的身心活动要求，取得最佳的使用效能，其目标应是安全、健康、舒适和高效能。

居室即人们居住的室内环境，是人们休闲睡眠、生活学习的居住空间场所。在现代社会里，随着人们居住环境的不断改善提高，居住空间和类型也更大、更多样化，居室自身的功能也在发生改变，但其性质和特点未变。所以，在进行居室环境的设计时，应该多从人体在其具体的室内空间里的行为尺度和功能的需求来考虑。换句话说，就是构成室内环境的各种因素（即空间的大小、功能的多少、材质的使用、色彩的搭配、视觉的感受、物理环境的建造等）都应该建立于人体工程学上面，这样才能达到人们的生理需求和心理满足。

4.1 玄关（门厅）设计

玄关，也称为门厅，是人进入室内的第一个空间，是室内和室外过渡的空间，它是给人的第一印象，也是初步领略整个住宅装修风格和特点的第一步。由于门厅的功能决定了门厅的空间不大，故在门厅设计时，其家具物品（如鞋柜等）不宜大，尽量留出空间以便换鞋或整理等活动。另外，在人体的视觉感受上也须重视，可采用隔断与家具相结合，起到对人视线的阻挡和延缓，避免进门就对室内"一览无余"。

4.2 起居室（客厅）设计

起居室是居室设计中一个重要的核心空间，它是家庭成员逗留相聚、交流时间最长以及接待客人的"公共活动"空间，其空间相对较大。由于它具有家庭"公共活动"的功能，人的数量相对来说较多，活动所需要的范围也较大。所以，在起居室的空间和功能设计的过程中，要充分注意到与人体工程学紧密相关的问题。

起居室也是连接室内其他房间的中心，往往是通过其门洞和居室过道来连接的。所以，客厅墙面门洞口的设计，无论是侧边通过还是中间横穿都应确保客厅或搬运家具的顺畅，一般门洞宽度要求为1000 mm左右，经过辅助房的过道宽度为900 mm左右。

现在，一般起居室都是以视听墙形成的中心来布置的。如果空间不是特别宽敞，沙发应该尽量靠墙摆放，方可留出更多的空间范围供人活动和流通。长沙发与摆在它面前的茶几之间的正确距离应是300 mm左右。两者之间的理想距离应该是能允许一个人通过的同时又便于使用，也就是说不用站起来就可以方便地拿到桌上的杯子或者杂志。如果客厅位于房间的中央，后面想要留出一个走道空间，这个走道应该为1000~1200 mm。走道的空间应该能让两个成年人迎面走过而不至于相撞，通常给每个人留出600 mm的宽度。

由于我国现在住宅建筑规范中固定住宅层高不宜高于2800 mm，所以除了特殊层高（如跃层和复式结构）外，在吊顶处理上要尽量保证空间的最大净高，避免重复复杂的吊顶给人压抑感。

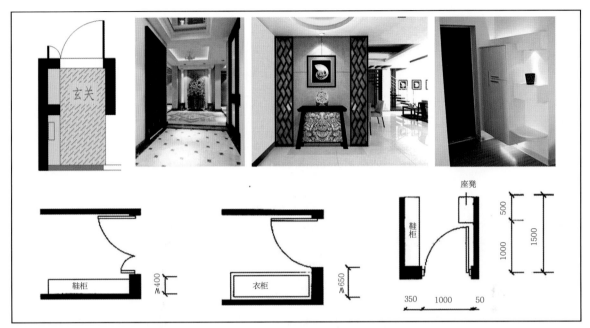

玄关（门厅）尺寸和家具摆放示意图

客厅设计

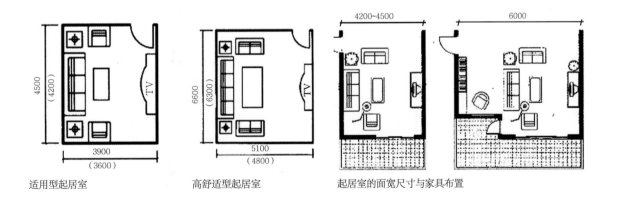

适用型起居室　　　　高舒适型起居室　　　　起居室的面宽尺寸与家具布置

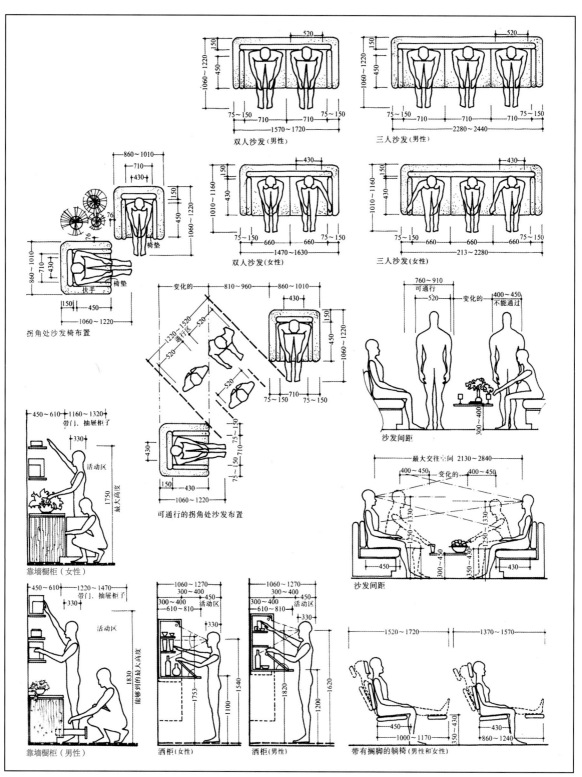

起居室常用人体尺度

起居室的色彩应设计为多数人都能接受的明快、大方、充满温情的色彩系列，以营造愉悦而轻松的氛围。同时对起居室在材料、造型、照明、通风、家具、电气配置等方面的处理也不可忽视，要尽量从生理上和心理上都能满足使用者的需求。

4.3 卧室设计

卧室是私密性的室内空间，人们有约1/3的时间是在卧室里度过的。卧室分为主卧室和次卧室（儿童房、老人房、佣人房）两种。

主卧室一般是供家庭中夫妇所使用的私人生活空间，是卧室功能设置较齐的地方，主要有睡眠、休闲、贮藏、梳妆等区域。现代居室设计中，主卧室一般都设置有卫生间的卧室中，所占据的室内空间较大。为了取物方便，床往往与大衣柜设放在一起，故在床与衣柜之间的距离一定要考虑到人在走动和开启衣柜取衣物时所需要的空间尺度，以保证人体活动的需要。现代家庭中主卧室里的视听设备也是常有的。目前，壁挂式的液晶电视是较佳选择，安装过程中应注意电视的尺寸与高度要与人靠躺在床上的视线高度相适应。

卧室门宽度通常为900mm；门洞高为2000mm，卧室起居室的净高应不小于2400mm，局部净高应不小于2100mm(且不应大于使用面积的1/3)等。单人卧室面积不应小于6 m^2，双人卧室面积不应小于10m^2。卧室不宜太大，空间面积一般在15~20m^{2}左右就足够了。

主卧室的色彩视觉效果应以高明度的粉红、粉紫为主，以营造一个温馨的室内气氛。

4.4 老人房设计

设计老人住房时，从目的性、方案及实际设施上要考虑到他们的起居、日常事务、个人爱好习惯、社会接触及文娱体育活动等方面，以体现他们早先生活方式的连续性。老人房的设计应根据老年人的生理结构和生活习惯来考虑。老年人与年轻人相比，在生理和心理的需求上都有所不同，在行动、视听方面的能力都有所减弱，所以老人房的设计应以关怀老年人健康、给其行动带来安全与方便为目的。老年房室内应光线充足、空气流通、隔音效果好。房间的家具设施除了必备的外，应尽量简单，增大过道和室内空间以方便老人的活动，除了设放松软的床，还应有诸如躺椅和沙发类的座椅以供老年人平时的休息。另外，老年人的房间离卫生间应该近些，地面材料要防滑，因为老年人比较喜欢安静，在房间的色彩设计上应以单纯的色彩来表现。总之，老人房的一切设计都要以符合老年人的身心健康为原则。

4.5 儿童房设计

儿童正处于生长、发育阶段，在设计儿童房时应考虑到不同年龄阶段、不同性别的儿童差异。根据儿童好奇、好动的生理和心理特点，在对儿童房进行设计时，应注意到以下几个方面：

①安全性：

儿童好动且身体娇弱，要避免意外伤害发生，建议室内最好不要使用大面积的玻璃和镜子；家具的边角和把手应该不留棱角和锐利的边，地面上也不要留容易磕磕绊绊的杂物，电源最好选用带有插座罩的插座。在空间设计中，床要尽量靠墙，一则安全，二则可尽量留出儿童玩耍的空间。

②舒适性

儿童用的家具应以符合儿童的生理尺寸为设计准则，这样才能满足儿童在取物操作时的方便顺手。

③差别性

儿童由于性别的差异，其行为、爱好也存在一定的差别。相对来说，男孩更好动，而女孩更喜欢色彩鲜艳、花朵造型的物品。

④好奇性

儿童房内的空间界面及家具的色彩可饱和、鲜明些。造型应生动，以满足儿童的好奇心理。

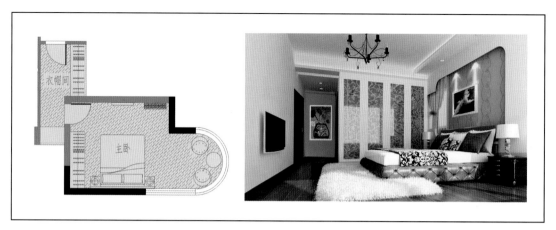

卧室设计

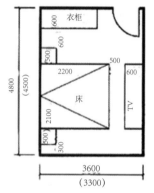

适用型主卧室(括号内为房间净尺寸)

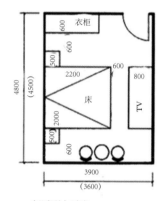

舒适型主卧室

高舒适型主卧室

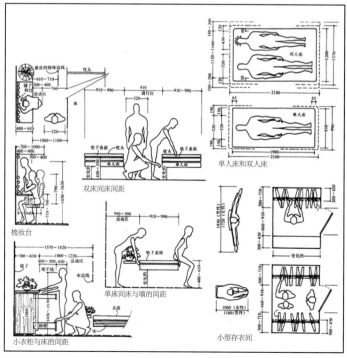

卧室常用人体尺度

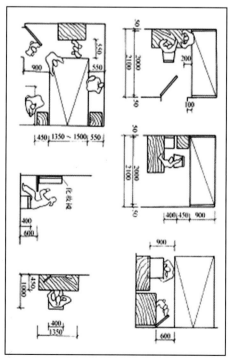

卧室内人体活动所需尺寸

温馨的暖色调

高雅的粉紫色调

老人房设计

儿童房设计（括号内为房间净尺寸）

书房设计

4.6 书房设计

书房是人们学习和工作的地方。如果说客厅是"动"态空间，那么书房则是相对"静"态的空间。书房具有一定的私密性，人活动主要集中在书桌（或电脑桌）旁。在选择书房家具时（主要是书柜、桌、椅等）除了要注意书房家具的造型、质量和色彩、尺度大小（以保障人在阅读、书写以及书籍的收藏与取阅等方面的便利）外，还必须考虑家具应适应人们的活动范围并符合人体健康美学的基本要求。要根据人的活动规律和功能要求，以人体各部位尺寸和在使用家具时的姿势来确定书房家具的结构、书桌和书柜的位置方向。同时，也应充分考虑到朝向、采光、通风等人体需求。

写字台高度应为710~750 mm，考虑到腿在桌子下面的活动区域，要求桌下净高不小于580 mm。14岁以下小孩使用的书桌，台面高度应为580~710 mm；座椅应与写字台配套，高低适中，座椅高度一般宜为380~450 mm，以满足人的活动需求。

4.7 餐厅设计

餐厅是家庭成员就餐的地方，除房屋居住面积大的可设有专用进餐的空间外，一般是将餐厅与起居室（厅）结合起来，这也适合中国人的进餐心理和习惯。居室的餐厅设计应以空间尺度、人的行为和心理感受为出发点，餐厅的位置应设计在厨房与起居室之间，这样可方便菜饭上桌，可以最大限度地节省从厨房将食品摆到餐桌以及人们从客厅到餐厅就餐耗费的时间和空间，同时进餐的路线也更为人性化。在设计餐厅时，应充分利用分隔柜、角柜，将上述功能设施容纳进就餐空间。

餐厅内部家具主要是餐桌、椅和餐饮柜等，它们的摆放与布置必须为人们在室内的活动留出合理的空间。特别是餐桌的大小应以家庭常有人口数为依据来设置。餐桌的高低尺寸要与餐椅的高矮、尺寸相匹配，以符合人体的尺度要求。

餐厅的常用人体尺寸为：四人的标准方桌尺寸为760 mm×760 mm，六人的长方形桌为1070 mm×760 mm。760 mm的餐桌宽度是标准尺寸，至少也不宜小于700 mm，否则，对坐时会因餐桌太窄而互相碰脚。桌高一般为710 mm，配410~415 mm高度坐椅为宜。

餐厅的色彩和照明应从视觉心理去考虑，色彩要给人温馨、愉悦、轻松的感觉。照明可以餐桌为中心，多采用低拉杆式的灯。

4.8 厨房设计

厨房是处理膳食的工作场所，在厨房家具尺度的设计上，应以女性的人体尺寸为主要依据，以安全、实用、卫生、高效为设计原则，特别是在厨房吊柜高度与底柜的操作台面的尺寸上更应该注意。需要强调的是，厨房的家具和设施的设置只有符合人体的动作习惯和操作流程（洗涤、调理和烹饪），才能顺手、便捷，从而达到提高工作效率的目的。

常见厨房空间的布局设计有："一"字形（靠墙边）、"L"形、"U"字形和开敞式厨房。其中，"一"字形厨房将存储、洗涤和烹调配置在同一面，可以节省空间；L形厨房将这两个设置为两面墙，呈90°的转角，不但节省空间，还能提高效率；"U"字形厨房是在厨房空间较大的情况下可以采用的一种布置方式，其操作的台面多，可以容纳更多的使用功能；而开敞式厨房则有活泼自由的特性。无论哪种布局设计，都应以满足人体的行为尺度和操作流程，以及其空间的物理环境（采光、通风、排污、水气源位置）的综合利用为设计前提，才能更好地为人服务。

在厨房具体的设计布置时，需引起注意的是：

①水池和灶具之间要留有足够的备餐区域，距离为1200~1800 mm；操作台经常不小于2100 mm，单面布局通道净宽不能小于1.5 m，双面布局形式通道不小于0.9 m。

②燃气灶台的高度距地面在700~800 mm为

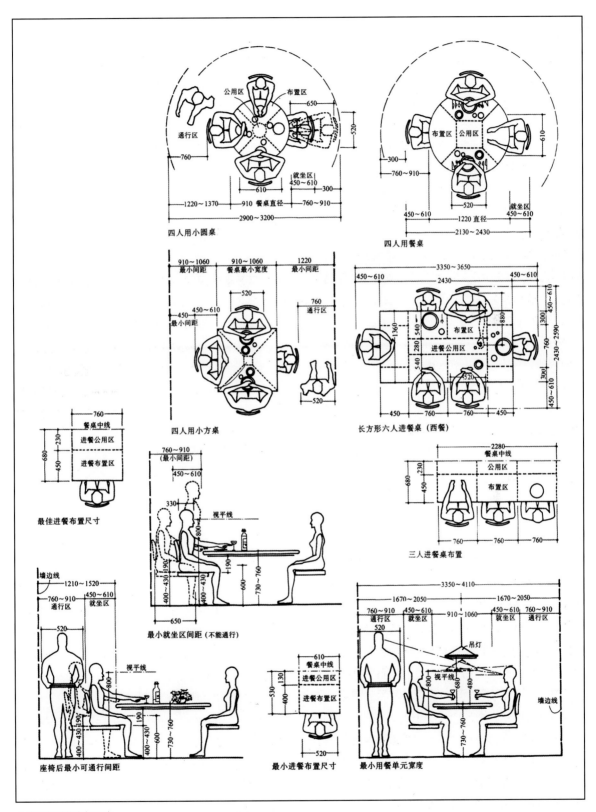

人体用餐时的空间尺度

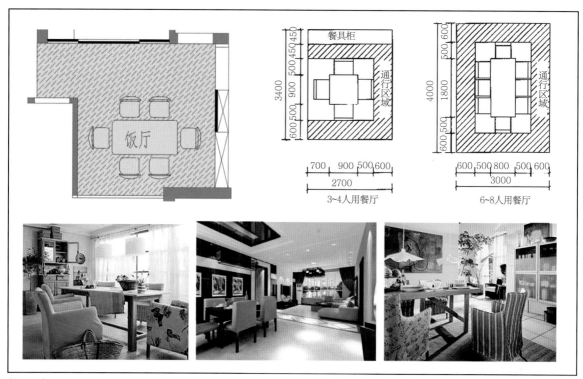

餐具柜

通行区域

3400

600 500 900 500 450 450

700 900 500 600

2700

3~4人用餐厅

通行区域

4000

600 500 500 600

600 500 1800 500 600

600 500 800 500 600

3000

6~8人用餐厅

饭厅

餐厅设计

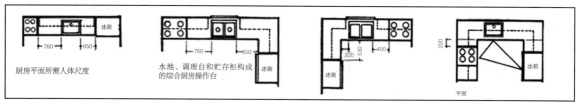

厨房平面所需人体尺度

760 650

水池、调理台和贮存柜构成
的综合厨房操作台

760 650

冰箱

200 530 450

冰箱

220

冰箱

平面

厨房常用的几种布置形式

"U"形厨房空间

"L"形的厨房空间

"一"字形的厨房空间

开放式厨房

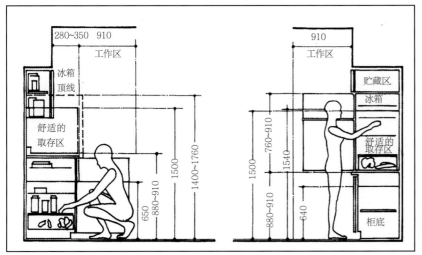
冰箱布置立面

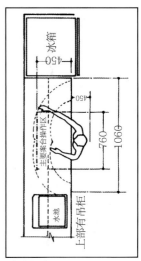
调制备餐布置

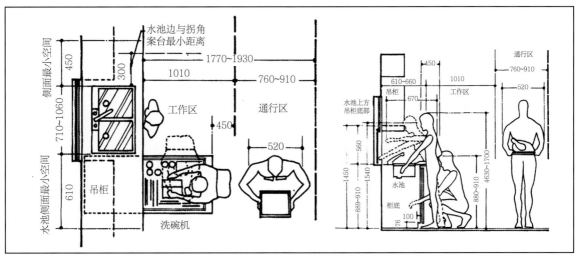
水池布置尺寸

宜;排烟罩尺寸和灶具大小一致，其低端到灶具的垂直距离为600～800mm。

③厨房地柜不要直接接地，距离地面100mm高度，避免潮湿。

④厨房水龙头高度最小尺度应高于台面上面150mm。厨房操作台的材料应有色彩素雅、表面光洁、具有防水防潮防滑等特点。 另外，厨房所涉及的插头分布要根据具体需要的使用功能来设计，才能合理。

厨房的色彩应以单纯、明快为主，在视觉上营造出干净、清爽的心理效果。

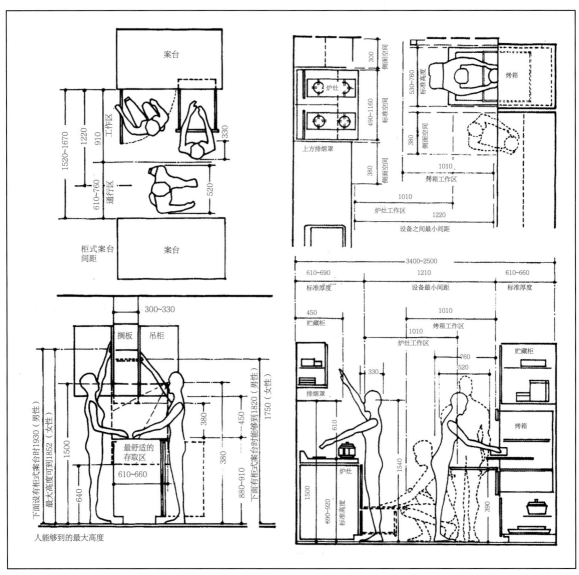

厨房常用人体尺寸

4.9　卫生间设计

卫生间设计应综合考虑盥洗、卫浴、厕所三种功能的使用。现代居室的卫生间已由原来单一的如厕功能向洗漱、沐浴、化妆、如厕、洗衣等多功能方向发展。

由于卫生间的排污、给水的管道较多，往往在装修时都需吊顶，会造成空间的一些限制。此外，卫生间功能的增强也使卫生间的设施相应增加。如何合理有效地利用卫生间的空间，减少各设施的相互干扰，使人的进出和使用操作活动更加便利、舒适、安全是设计中必须考虑的重点。

卫生间的如厕部分，应将浴盆、坐便器（蹲便器）、浴缸（淋浴房）尽量按人的行为流程和生活习惯设置。如果是淋浴，一定要留足空间来满足人在洗澡时所需要的动作范围。家有老人使用浴缸时，在浴缸墙侧边应设有扶拉手，以帮助老人起身。卫生间一定要保持良好的换气，特别是安装有燃气热水器的卫生间更应注意。卫生间的色彩以浅色调为宜。在条件许可的情况下，可将面盆、洗衣机等安排在如厕前的过渡区域，以满足家人如厕和洗漱同时进行。

卫生间物品安装尺寸：

盥洗盆高度（上沿口）为800～900 mm，宽度不要小于600 mm。淋浴器的高度为2 000～2 100 mm，卫生间壁镜底部不得低于900 mm，顶部不能超过2 000 mm。纸巾盒底面离地1 000 mm为佳。牙刷杯架、皂盒安装位离地950 mm。浴室柜的柜体底面离地要有150 mm。双盆或多盆安装时，盆与盆间距为350～400 mm。马桶使用空间宽度为750～800 mm。浴巾架安装位离地1 850～1 900 mm。

4.10　其他空间设计

（1）阳台设计

阳台有室外阳台和室内阳台。阳台是建筑物对外交流的"眼睛"，也是建筑物室内的延伸，不仅是居住者接受光照、呼吸新鲜空气、摆放盆栽、进行户外锻炼、观赏、纳凉、晾晒衣物的场所，还可以变成宜人的小花园，使人足不出户也能欣赏到大自然中优美的风景，感受到大自然的温馨和变化。其设计需要兼顾实用、安全与美观的原则。

阳台的实用性一般是用来晾晒衣物，进行活动和种植花草植物等方面。但由于一般的阳台面积都不是很大（一般在5 m²左右），就需要在设计时注意如何将阳台的实用功能和人们对美的需求结合起来。在安全性方面，要注意窗台和阳台外栏杆的高度不要低于阳台地面1 100 mm，这样才能达到安全的目的。

（2）储藏室设计

随着人们生活水平的提高，物质生活资料变得越来越丰富，家中的物品也越来越多，有许多物品甚至没有地方存放。因此，家庭中的储藏空间越来越受到人们的重视。储藏室，顾名思义是用来储藏东西的空间，如储藏日用品、衣物、棉被、箱子、杂物等物品。一般储藏室空间较小，方位朝向和通风都比较差，但是依然有很好的利用空间。设计储藏室应根据主人的实际需要而定，根据面积大小可设计成可进人和不进人的式样。在设计时，为了增加储藏量，储藏室一般设计成"I"形或"L"形柜，为了使储藏室保持空气通透又节省空间，可以把门设计成百叶格状。而储藏的物品将是决定储藏室内分隔的关键，可以把储藏室分隔成若干个空间，将轻巧、干燥的东西放在上面的搁板上，大而重的物品放在下面；不常用的东西放在里面，经常用的东西放在外面。储藏室的墙面要保持干净，不至于弄脏衣物。柜顶可装节能灯，增加照明度，减少潮湿性。

（3）步入式更衣间设计

随着居住环境的日渐改善，今天很多面积宽余的家庭已开始为拥有一个独立的步入式更衣间而引以为豪了。所谓步入式更衣间，是利用家中一个房间或是一个空间，利用数个新概念的衣柜合围成一个空间，构成一个可以走进去的"大衣柜"，使其他卧室里不再安置传统大型的入墙式衣柜。在这里，每个家庭成员的衣物都可以分门别类地集中放置在一起，这既节约了住宅的使用空间，又方便了家庭人员的更衣穿戴。与传统衣柜相比，步入式更衣间由于其衣柜大都为开放式设计，很多柜门及相关的配件都被取消，因此成本上大大降低，单位成本比入墙衣柜要降低50％，比传统衣柜多装近20％的衣物。同时，家庭成员在此足够大的空间里挑选、更换衣服，更具有私密性，感觉也特别舒适和放松。

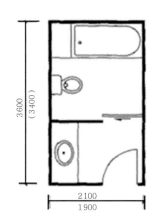

舒适型卫生间布置

卫生间设计

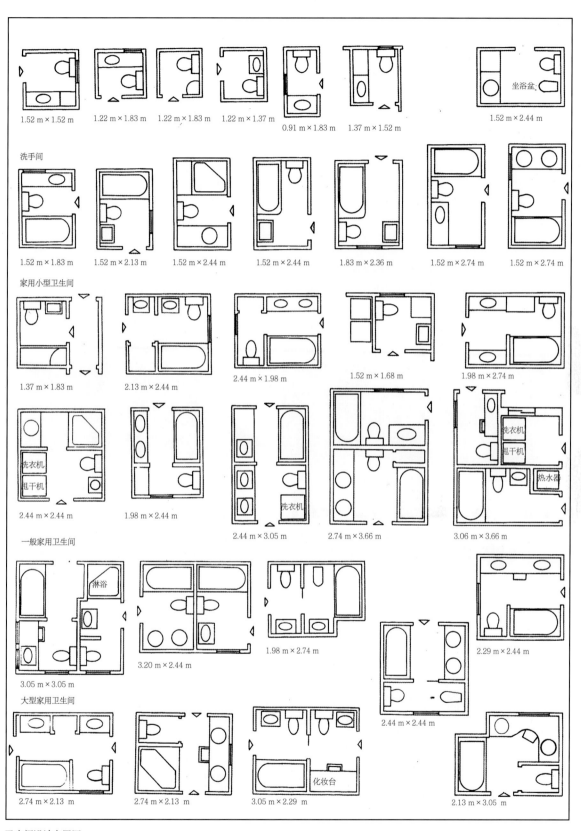

1.52 m × 1.52 m　1.22 m × 1.83 m　1.22 m × 1.83 m　1.22 m × 1.37 m

0.91 m × 1.83 m　1.37 m × 1.52 m

坐浴盆

1.52 m × 2.44 m

洗手间

1.52 m × 1.83 m　1.52 m × 2.13 m　1.52 m × 2.44 m　1.52 m × 2.44 m　1.83 m × 2.36 m　1.52 m × 2.74 m　1.52 m × 2.74 m

家用小型卫生间

1.37 m × 1.83 m　2.13 m × 2.44 m

2.44 m × 1.98 m

1.52 m × 1.68 m　1.98 m × 2.74 m

洗衣机　甩干机

2.44 m × 2.44 m　1.98 m × 2.44 m

洗衣机

2.44 m × 3.05 m　2.74 m × 3.66 m

洗衣机　甩干机　热水器

3.06 m × 3.66 m

一般家用卫生间

淋浴

3.05 m × 3.05 m　3.20 m × 2.44 m

1.98 m × 2.74 m

2.29 m × 2.44 m

2.44 m × 2.44 m

大型家用卫生间

2.74 m × 2.13 m　2.74 m × 2.13 m

化妆台

3.05 m × 2.29 m

2.13 m × 3.05 m

卫生间设计布置图

阳台设计

储藏室设计

步入式更衣间设计

| 知识重点 |

1.人体工程学在居室环境各空间设计中的应用。

2. 起居室（客厅）、卧室的具体设计。

| 作业安排 |

1.选择一个室内平面图，就其客厅进行方案设计，需充分考虑到人的流通行为和人的心理感受。

2.对同一的卧室空间，进行多方案的设计并分析说明。

3.选择一些老人房和儿童房的色彩图片，分析其功能环境对人的影响。

5 人体工程学与室内公共环境设计

现代室内公共环境是相对于室内私有空间（居住空间）而言的。室内公共环境设计更强调的是满足公众行为需要的室内空间设计。现代室内公共环境设计日益重视人与物、环境之间的关系。在室内环境设计中，室内公共环境设计的主要目的是要创造有利于人类身心健康的舒适空间环境，而人体工程学的主要任务和这个目的是完全一致的。具体来说，室内公共空间设计就是通过对人的行为、环境、文化、时代、习俗、理念、科技等因素的综合思维进行的空间设计，旨在改善人们的物理生活环境，提高人们的生活质量，提高人们的工作和学习效率。

5.1 室内公共环境设计的功能类型

文化类：教育人们或者向人们提供学习的场所，如学校图书馆、教室、计算机机房、书店、博物馆等。

娱乐类：向人们提供娱乐活动或者锻炼身体的场所，如歌剧院、健身房、茶楼、KTV会所、酒水吧、舞厅、洗浴桑拿等。

商业类：以商业为主要目的的场所，如各种大型商场、超市、餐厅、酒店客房、快餐厅、营业大厅、各种专卖店、银行等。

办公类：是人们在室内的主要社会活动之一。新材料、新技术、新动力产生了大量新的、低能耗、低污染、更自由和开敞的环境型的办公空间，并日益受到青睐，从而使人们的办公环境有了质的飞跃，如办公室、会议室、开敞式办公空间、商务楼写字间、多功能厅等。

5.2 室内公共环境设计的人体因素

由于室内公共空间设计所涉及的设计范围十分广泛，涉及的内容和空间功能的需求也有很多的不同和区分。但室内公共空间的本质特征是为人们在室内的交往、工作、学习、购物、休闲娱乐等活动而设计，这也是室内公共环境设计的共同特点。而要达到这样的目的，就必须去研究分析人与室内空间环境的尺度关系，人们的行为习惯和行为目的，室内公共空间与室外公共空间的关系，住与行、流量与容量，空间围隔构造是否合理区分了关联行为，空间构造是否科学，材料能源环保性，光、风、温、湿等环境指标是否符合人的行为需要，造型、色彩是否是根据功能的需要而设计等。知道和掌握了这些因素，才能创造设计出一个既能保证人们的生理需要（物质环境），更能满足人们高层次的心理需求（精神环境）的舒适环境。例如，在对超市的设计时，首先应该对这个超市的功能、价值、来购买的消费人群进行正确定位；然后，对场地的大小现状、物理环境、室内外空间联系、商品类型等进行分析，根据这些客观的条件，对消费人群的行为习惯、人群流量和商品购买常有的前后顺序、空间的导向等进行设计分析，依此来划分商品的功能布置，设计货柜、货架的高度尺寸及数量，特别是重点考虑连接各商品区的流通过道的宽度尺寸，以满足人们推着购物车或手提物品走动的需求，营造出一个宽松舒适的购物环境。

图书馆

美术馆

茶楼

KTV会所

酒水吧

舞厅

桑拿浴

快餐厅

苹果专卖店

超市

银行营业大厅

会议室

经理办公室

开敞式办公室

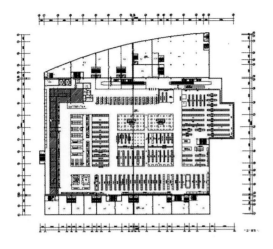

超市平面图

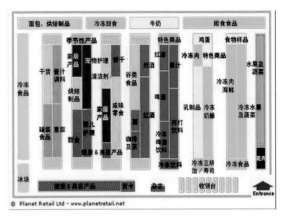

超市功能分析图

超市布置图

超市用双面货柜架

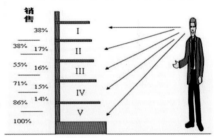

人物视觉高度与货柜尺寸以及商品销售量之间的关系

超市里人与货柜尺度关系

5.3　酒店客房设计示例

人体工程学在公共环境的室内设计中应用十分广泛，为人类的生活带来很大的便利，同时也促进了社会的发展。这里就酒店客房设计中人体工程学的应用进行实例分析。酒店客房是旅客身处异地临时的"家"，其所具备的功能应充分满足人体尺度对室内空间的要求，应该给旅客带来使用的便利性和居住的舒适性，并为他们营造出"归家"的感觉，这也是酒店客房设计的重点所在。

酒店客房设计分为：单人房（供一人使用），双人客房（供两人使用），套间客房（除卧室、卫生间外带有客厅、办公或娱乐等配套房间），总统套房（包括多个卧室、客厅、写字办公间、餐厅或酒水吧、会议室等）。

客房中主要是以双人间居多，即常称的标准间。标准间是建筑标准层设计的依据，房间的开间和进深尺寸是按其人所需要的使用功能来确定的，

标间最好不小于长6 200 mm、宽3 200 mm、面积约20 m²的空间，以保障人的睡眠区、工作区、洗漱区各空间尺度。

在标准间的设计中，应以"人"的结构尺寸和行为尺度为设计基础，特别是卫生间的空间尺寸不能太低、太小，应以人体偏高的尺寸为准，使人能伸展洗浴，地面要有防滑设施。

床与电视柜的间距一般不小于1 100 mm，床与衣柜间的距离要让人可以在其间轻松自由地走动，而且不影响衣柜的使用。人躺在床上与电视机的距离也要合理。

在灯光的设计上，要充分考虑到人的视觉心理和灯光的使用功能，看书工作的光亮要足；如有人看电视，另一人要睡眠，就要有可调节的光源，以满足人的不同需求。

快捷酒店客房的色彩可设计为温馨而活泼的风格，给人亲切、自然的"家"的感觉。另外，客房的设计还应该尽量个性化，每个酒店的客房都应具有自己的民族和地方特色，在陈设、色彩等方面体现出与众不同的风格。

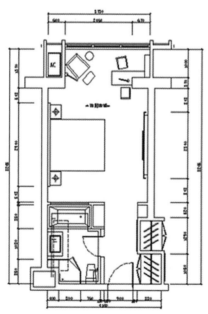

单人客房布置图

温馨的单人房

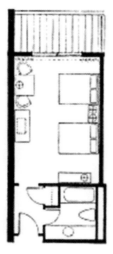

双人客房布置图

安静的双人客房

套间客房布置图

多功能的套间客房

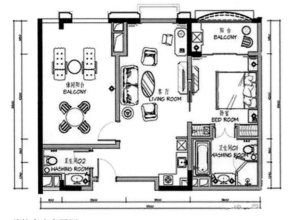

总统套房布置图

豪华总统套房

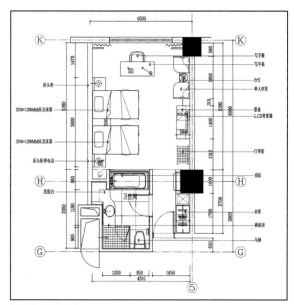

标准客房平面图

标准客房

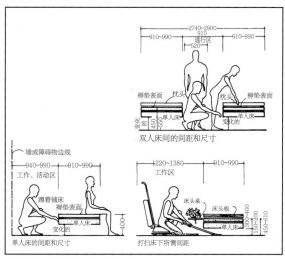

双人床间的间距和尺寸

单人床的间距和尺寸

打扫床下所需间距

人体在客房的行为活动空间尺寸

客房内通道距离设计

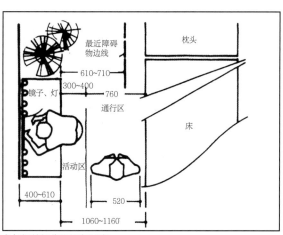

床与柜的操作和通行尺度

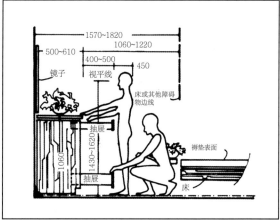

小衣柜与床的间距

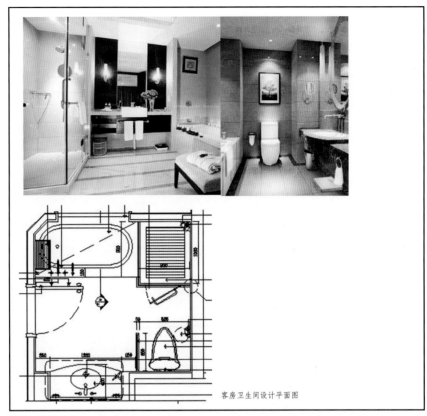

客房卫生间设计平面图

客房卫生间设计

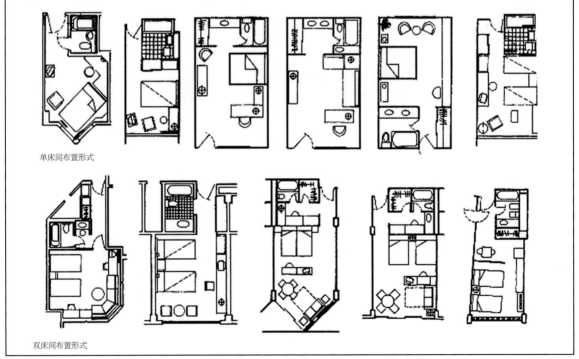

单床间布置形式

双床间布置形式

客房单床间、双床间平面布置图

客房设计

| 知识重点 |

1.室内公共环境设计的功能类型有哪些？

2.室内公共环境设计的人体因素体现在哪些地方？

| 作业安排 |

1.对一个超市的功能分布和货柜、货架设计进行尺度的分析。

2.选择一个酒店平面图，就其标准间进行方案设计。

6 人体工程学与室外公共环境设计

6.1 室外公共环境中的人体因素

室外公共环境是指建筑外面与人们生存活动密切相关的地表空间,它是人类在大自然中赖以生存的基地,是人类利用自然和改造自然的主要场所。因此,室外公共环境与设施的设计必须与室外环境中的各种行为特点和自然、气候等条件相适应、相协调,以人们生活的安全、健康、舒适、效率为目标来进行。室外公共环境与设施的设计涉及的因素很多,如地理环境、气候环境、建筑居住环境、人文社会环境等。

室外公共环境设计与室内公共环境设计,虽说都是为人而设计,但室外公共环境所涉及的空间大小、地面的起伏高低、视线的远近遮挡、气候的变化、行动的方向和范围等自然环境和人的心理感受是与室内环境有所不同。室外公共环境中人体工程学的设计是从人类的时空出发,通过系统分析、处理,整体把握人—环境—环境设施的系统关系,使环境设计构成最优化的"人类环境"。人体工程学在室外公共环境设计中所起到的作用体现在以下方面:

(1)为确定人在室外园林景观环境中活动所需空间提供设计的主要依据

园林景观是以植物、建筑、山石、水体及多种物质要素经过各种艺术处理而创造出来的,占有一定的空间,提供大众游赏休闲、交流的公共环境。它与人们的视觉、听觉、触觉以及行为模式联系十分密切。在现代人类生活中,园林景观环境已成为人们生活环境的一部分,与人们的日常生活密切相关。人体工程学在景观设计中的有效应用,就是在园林景观设计中将人的环境需求作为考虑一切问题的最基本的出发点,并以此作为衡量在景观设计中的时空尺度和植物、建筑、山石、水体等造型、色彩及其布局形式等是否符合人体生理、心理尺度及人体各部分的活动规律,以达到安全、实用、方便、舒适、美观的目的。

(2)为确定室外各种环境设施的形体、尺度及其使用范围提供依据

室外各种环境设施(如游乐设施、服务性设施、交通设施、步行设施等)都是为人所使用的。如何使这些环境设施更加适合人们的生理和心理的需求,并得到有效利用,这些都是人体工程学要予以解决的问题。这些环境设施在其形体、尺度大小、材料特性的使用上,都必须以人体尺度、动作域等作为主要依据:如垃圾桶的形状、高低大小尺寸及摆放位置,公用电话亭设置的位置,公交车站的人性化设计还有一些绿篱的高度、园灯、台阶等这些看似简单的东西都与人体工程学有着密切联系。所以,在设计时要以符合大多数人的身高或者各种因素来给予考虑。比如栏杆的高度,一方面要丰富园林景观,另一方面要起到分隔园林空间、组织疏导人流及划分活动范围的作用。一般来说,高栏杆高度在1.5 m以上,中栏杆高度为0.8~1.2 m,低栏杆高度在0.4 m以下。

园椅、园凳是供游客们休息之用,从环境方面与环境的相关性分析,它们往往处于园林一角,周围就应该搭配比较矮小的树林等,使整个画面看起来比较和谐和舒适,让人们坐在那里休息的时候既能看到外部空间,又能感觉到安静带来的温馨闲适。

小区入口的环境设计

舒适怡人的绿荫环境

具有艺术性的公共休息区

人性化的公共候车站

人与景观环境

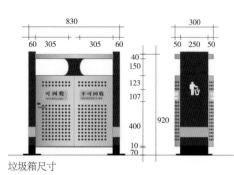

垃圾箱尺寸

环境设施尺寸与人的关系

电话亭的高度

绿篱的高度

绿篱的高度

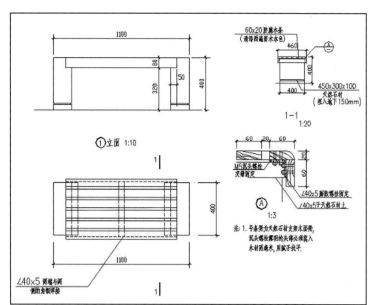

园椅凳尺寸

园椅、人、动物

园凳休息区

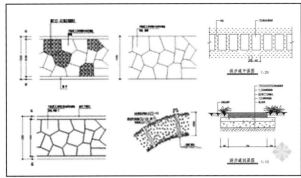

路道铺设尺寸与式样

适合人步行的台阶

自然光照环境

仿石头的音箱

人造光环境

　　还有汀步的设计，其间距要兼顾老年人及儿童的行走需要，并且要考虑所使用材料的面宽，因此，最佳间距必须控制在50~60 cm。过窄则使成年人走路的步子迈不开，过宽则使老人和孩子的脚步踩踏在汀步的空格处；台阶的高度尽量控制在15 cm，宽度最窄不得小于30 cm，这样人们在上下台阶时才不累；台阶层级至少要达到2层，防止游人忽视高度差导致摔倒。

　　（3）是提供适合人体的物理环境因素的最佳参数

　　室外公共环境物理因素主要有热环境、声环境、光环境、重力环境、辐射环境等。在进行室外公共环境设计时，一定要充分考虑到这些物理环境因素对人的影响作用。了解和掌握了这些，才能有科学的参数，才有可能作出正确的决策和设计。如在设计园椅的位置和方向时，既要考虑风向对人的影响，还要考虑到日光的照射方向以便人们看书阅读；用自然形态的石头美化的园林音箱设计，为人们的休闲带来了惬意的背景音乐；还有夜晚城市景点的灯光工程、音乐喷泉设计等，都是如此。

　　（4）为室外公共环境中视觉要素的计测提供科学依据

　　室外公共环境中，由于空间范围很大很广，人与景物之间的距离根据不同的环境类型、不同规模，会产生不同的视觉效果。一般来说，在大型自然山水园林中，视距在200 m以内，人眼可以看清主景中单体的建筑物；200～600 m，能看清单体建筑物的轮廓；600～1 200 m，能看清建筑物群；视距大于1 200 m，则只能约略识别建筑群的外形。在宅园的环境中，厅堂和假山之间的视距多为30～35 m；厅前空间较小，一般在15 m左右。

大型景物的合适视距为景物高度的3.5倍；小型景物的合适视距约为景物的3倍。如在园林景观的游步道设计上，为了满足人们视觉上的动感需求，游步道在空间上应有一定的起伏回折，除合理利用原有的地形地貌外，可使路面曲径通幽、错落有致、跳动起伏。

变化起伏的小道

人视觉与环境物的距离

起伏的小道会引起视觉的多变

高速路隔离带挡隔视觉作用

6.2 公共环境中的无障碍设计

无障碍设计（barrier free design）这个概念名称始见于1974年，是联合国组织提出的设计新主张。所谓无障碍环境设计，是指在环境建筑设计领域，为了充分考虑肢体残废和智力低下群体的生活环境需求，促进残疾人的身心健康，针对他们的心理和生理上的特殊需要，在城市建设和市政设施提出便于残疾人活动的系列化设计。无障碍设计强调在科学技术高度发展的现代社会，一切有关人类衣食住行的空间环境以及各类建筑设施、设备的规划设计，都必须充分考虑具有不同程度生理伤残缺陷者和正常活动能力衰退者的使用需求，配备能够满足这些需求的服务功能与装置，营造一个充满爱与关怀，切实保障人类安全、方便、舒适的现代和谐的生活环境。

无障碍设计主要包括两个方面：

①方便残疾人的道路、桥梁及交通设施设计；

②方便残疾人的建筑物及环境的设计。

现在全世界身体有缺陷和心智有障碍者约占总人口的1/10。肢体缺陷和心智低弱给他（她）们带来了障碍，生活极不方便。但他（她）们作为社会生活中的一个群体，对于社会大家庭的和谐发展同样十分重要。如何给他（她）们带来生活、工作和学习上的行为方便，满足其生理和心理的需求，需要设引起计师高度的重视，也是设计最具有"人性"意义的体现。当然，残疾类型是多种多样的，这里主要是指与人体行为能力和对视觉（盲人）丧失有关的肢体残疾。所以，他（她）们更需要全社会的理解和人情关怀。在这方面现已做出一些成绩：如电梯间里面的盲人触摸按钮设计，步行道上为盲人专门铺设的触ংঙ地砖产品，为轮椅者专门设计的卫生间洁具产品，兼有视觉听觉双重操作向导的银行自动存取款机，以及设计扩展到工作、生活、娱乐中使用的种种器具和产品设计等。

随着社会的发展，我国的无障碍设施建设取得了一定的成绩。在城市道路中，为方便盲人行走修建了盲道，为乘轮椅的人修建了缘石坡道。建筑物方面，大型公共建筑中修建了许多方便残疾人和老年人的坡道。

1986年，我国还编制了第一部《无障碍设计规范》，明确了无障碍环境设计是环境建筑设计中很重要的部分。

1998年4月，建设部发出《关于做好城市无障碍设施建设的通知》（建规〔1998〕93号），要求加强城市道路、大型公共建筑、居住区等建设的无障碍规划、设计审查和批后管理、监督。

1998年6月，建设部、民政部、中国残疾人联合会联合发布《关于贯彻实施方便残疾人使用的城市道路和建筑物设计规范的若干补充规定的通知》（建标〔1998〕177号），要求加强工程审批管理，严格把好工程验收关，公共建筑和公共设施的入口、室内，新建、在建高层住宅，新建道路和立体交叉中的人行道，各道路路口、单位门口，人行天桥和人行地道，居住小区等均应进行有关无障碍设计。

1990年12月，全国人大常委会颁布《残疾人保障法》规定，国家和社会逐步实行方便残疾人的城市道路和建筑物设计规范，采取无障碍措施。

2001年8月1日，《城市道路和建筑物无障碍设计规范》正式实施。

6.2.1 室内无障碍设计

室内无障碍设计是指在室内环境中各种空间环境和残疾人生活行为相关的物品器具设计都应该从残疾人的生理状况和心理感受为出发点，根据其特殊性来规划设计，特别是对轮椅使用者和盲人以及体弱多病的老年人更应该引起高度重视，以满足其生活的需要。

公厕无障碍设计

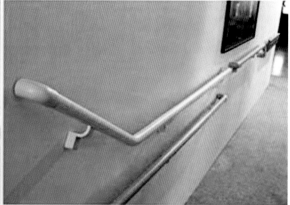

楼梯无障碍设计

广场无障碍设计

住宅入口无障碍设计

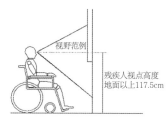

轮椅使用者视野范围及视点高度

低位饮水台意图

低位电话示意图

轮椅使用者窗台高度

残疾人专用轮椅

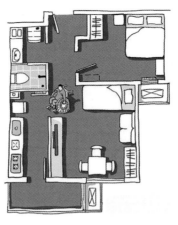
室内通道及门要保障轮椅使用者自由

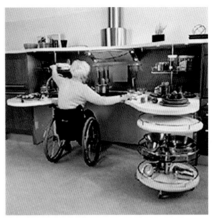
厨房家具按轮椅使用者方便设计

能满足轮椅使用者进出的门

残疾人专用浴缸

可供轮椅使用者和较矮人使用的公共设施

厕所无障碍设施与设计要求

设施类别	设 计 要 求
通 道	地面应防滑和不积水，宽度不应小于1.50 m。
洗手盆	1.距洗手盆两侧和前缘50 mm应设安全抓杆。 2.洗手盆前应有1.10 m×0.80 m的乘轮椅者使用面积。
男厕所	1.小便器两侧和上方，应设宽0.60~0.70 m、高1.20 m的安全抓杆。 2.小便器下口距地面不应大于0.50 m。
无障碍厕所	1 .男、女公共厕所应设一个无障碍隔间厕位。 2.新建无障碍厕位面积不应小于1.80 m×1.40 m。 3.改建无障碍厕位面积不应小于2.00 m×1.00 m。 4.厕位门扇向外开启后，入口净宽不应小于0.80 m，门扇内侧应设关门拉手。 5.坐便器高0.45 m，两侧应设高0.70 m水平抓杆，在墙面一侧应设高1.40 m的垂直抓杆。
安全抓杆	1.安全抓杆直径应为30~40 mm。 2.安全抓杆内侧应距墙面40 mm。 3.抓杆应安装坚固。

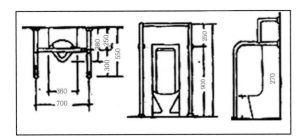

落地式小便器安全抓杆尺度

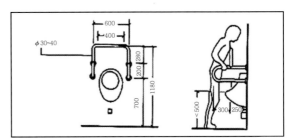

悬背式小便器安全抓杆尺度

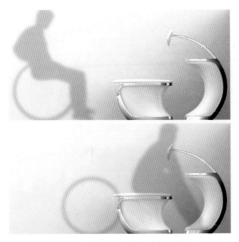

universal Toilet为轮椅使用者设计的坐便器

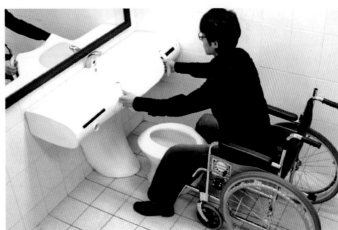

健康人的使用示例

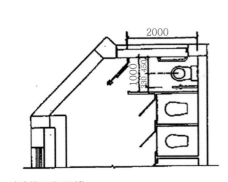

改建的无障碍厕位

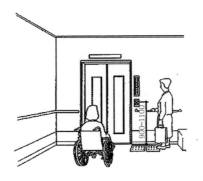

候梯厅无障碍设施

电梯轿厢选层按钮要求

为残疾人设计的洁具辅助设施

为残疾人设计的洁具辅助设施

候梯厅无障碍设施与设计要求

设施类别	设计要求
深　度	候梯厅深度大于或等于1.80 m。
按　钮	高0.90～1.10 mm。
电梯门洞	净宽度大于或等于0.90 m。
显示与音响	清晰显示轿厢上、下运行方向和层数位置及电梯抵达音响。
标　志	1.每层电梯口应安装楼层标志。 2.电梯口应设提示盲道。

电梯轿厢无障碍设施与设计要求

设施类别	设计要求
电梯门	开启净宽度大于或等于0.80 m。
面　积	1.轿厢深度大于或等于1.40 m。 2.轿厢宽度大于或等于1.10 m。
扶　手	轿厢正面和侧面应设高0.80~0.85 m的扶手。
选层按钮	轿厢侧面应设高0.90~1.10m带盲文的选层按钮。
镜　子	轿厢正面高0.90 m处至顶部应安装镜子。
显示与音响	轿厢上下运行及到达应有清晰显示和报层音响。

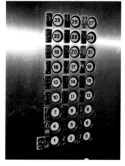

有盲文指示的电梯按钮

为轮椅使用者设计电梯楼层按钮高度

为轮椅使用者设计的专用看道

6.2.2　室外无障碍设计

室外无障碍设计包括地面人行道路、车库与停车场、建筑出入口与过道、休息设施与标志物等与残疾人、老年人生活息息相关的许多细节的设计。这些对残疾人、老年人细节的关注和设计，是人性化的具体体现，也是现代社会文明进步的一个标志。

（1）坡道和盲道的无障碍设计

坡道和盲道是道路中无障碍设计的重点。由于很多残疾人、老年人行动不便，都要借助轮椅和盲杖以代步,所以在设计坡道和盲道时,坡度不应大于1:20,长度不能超过10 m,如超过则中间须设置平台。如果坡道与地面的高差大于15 cm或长度大于2 m时,坡道两面要安装扶手。

指引残疾者向前行走的盲道应为条形的行进盲道;在行进盲道的起点、终点及拐弯处应设圆点形的提示盲道。行进盲道和提示盲道的宽度宜为0.3~0.6 m。盲道表面触感部分以下的厚度应与人行道砖一致。盲道触感条面宽0.25 mm、高5 mm。

（2）车库与停车场的无障碍设计

车库与停车场应设有照明条件良好的残疾人专用通道,车库的地面标高与主体建筑的地面标高差相同。车库地面的各个方向坡道不能大于1:20,坐轮椅者至少需要1.5 m的宽度来打开车门。停车场应尽可能靠近建筑的出入口,停车和残疾人专用通道等标志应清晰明了。停车场的残疾人专用道宽度不能小于0.9 m。

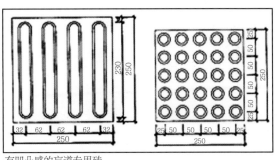

有凹凸感的盲道专用砖

为盲人设计的专用通道

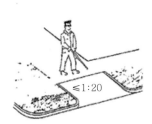

路口单面坡缘石坡道

三面坡缘石坡道

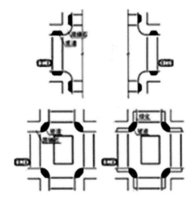

道路交叉口坡道处理

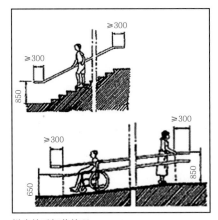

梯步扶手细节处理

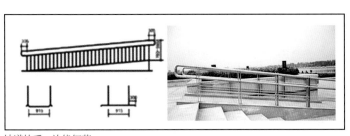

坡道扶手、边缘细节

盲人过街音响装置

梯口盲人道提示

公共环境中的轮椅道

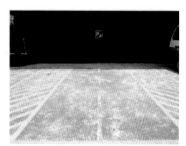
车库出口地面

轮椅使用者专用停车位及通道

轮椅使用者专用下车架

（3）建筑出入口与过道的无障碍设计

为了方便轮椅使用者到建筑入口，建筑外的停车场应该尽量靠近建筑入口，建筑入口大门的净宽为0.86 m，入口平台离墙的最小距离为1.5 m，入口坡道的最小宽度为1.525 m。当一辆轮椅通过过道时，过道的最小宽度为0.9 m；当两辆轮椅同时通过过道时，过道的最小宽度则为1.53 m。另外，要满足轮椅90°转弯的需求，其最小宽度为0.915 m，而满足轮椅360°转弯的最小宽度为1.065 m。乘轮椅者开启的推拉门和平开门，在门把手一侧的墙面应留有不小于0.50 m的墙面净宽；乘轮椅者开启的门扇，应安装视线观察玻璃。

（4）休息设施与标识物设计

在室外较长距离的步行道中间应设有休息场所，如亭台、坐凳等。休息场所应有足够的空间让轮椅使用者与别人进行交谈。对于听觉较弱的人和聋哑人来说，各种路标、指示牌、地图等标识就显得十分重要，这些标识物的图形、色彩文字应该设计得强烈醒目，才易引起这类残疾人和老年人的注意。

（5）地面的设计

地面不能有台阶及急坡，入口室外的地面坡度不应大于1:50，表面应选用有弹性、防滑和不积水、不易脱落损害并易于清扫的材料。地面还应保证有一定的粗糙度，以使轮椅的轮子、盲人使用的拐杖、助行器等能粘牢地面而不易滑倒。在马路斑马线、拐弯等重要路段应该铺设导盲砖以引导盲人行走。盲道地面应避开井盖铺设，盲道应连续，中途不得有电线杆、拉线、树木等障碍物。盲道距障碍物宜为0.25~0.5 m，盲道的颜色宜为中黄色。

室内外地面有高差的公共建筑和有残疾人的居住建筑，在入口只采用坡道时，其宽度除解决轮椅通行的要求外，还应满足其他人的通行要求。在坡道的坡度上也应该综合考虑使用效果，所以小于1:20的坡道是比较适用的。

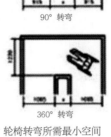
90° 转弯

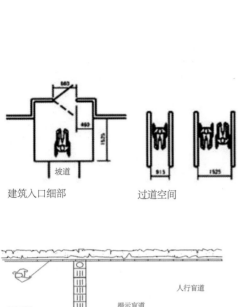
建筑入口细部

过道空间

360° 转弯

轮椅转弯所需最小空间

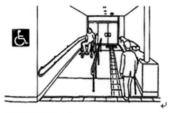
只设坡道出入口

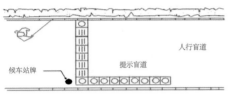
公交车道提示盲道

折返形坡道

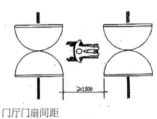
门厅门扇间距

无台阶的建筑入口

台阶入口升降机

建筑入口轮椅道

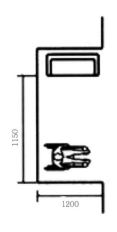
轮椅使用者与他人交流所需空间

无障碍指示标志

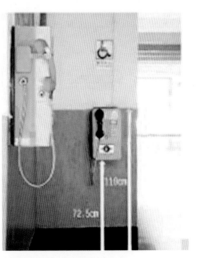
轮椅使用者专用公共电话尺寸

无障碍低位公话亭

轮椅使用者指示标志

轮椅使用者直饮水

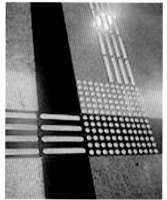

通道转角处

优化设计的地面和设施

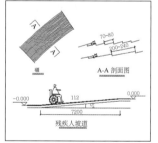

地面环境坡道的设计

无障碍通道设计

| 知识重点 |

1.人体工程学在室外公共环境设计中所起到的作用是什么？

2.室内外无障碍设计中的人体工程学应用。

| 作业安排 |

1.观察研究校园内环境设施中适宜人体工程或不适宜人体工程的设计，并做成PPT，分组进行讨论。

2.设计一个适宜轮椅患者使用的轮椅方案。

附录1　家具设计的基本尺度

衣橱：深度：一般600~650mm；推拉门：700mm，衣橱门宽度：400~650mm

推拉门：750~1500mm，高度：1900~2400mm

矮柜：深度：350~450mm，柜门宽度：300~600mm

电视柜：深度：450~600mm，高度：600~700mm

单人床：宽度：900mm，1050mm，1200mm；长度：1800mm，1860mm，2000mm，2100mm

双人床：宽度：1350mm，1500mm，1800mm；长度1800mm，1860mm，2000mm，2100mm

圆床：直径：1860mm，2120.50mm，2420.40mm（常用）

室内门：宽度：800~950mm，医院1200mm；高度：1900mm，2000mm，2100mm，2200mm，2400mm

厕所、厨房门：宽度：800mm，900mm；高度：1900mm，2000mm，2100mm

窗帘盒：高度：120~180mm；深度：单层布120mm；双层布160~180mm（实际尺寸）

沙发：单人式：长度：800~950mm，深度：850~900mm；坐垫高：350~420mm；背高：700~900mm

双人式：长度：1260~1500mm；深度：800~900mm

三人式：长度：1750~1960mm；深度：800~900mm

四人式：长度：2320~2520mm；深度：800~900mm

茶几：小型，长方形：长度600~750mm，宽度450~600mm，高度380~500mm（380mm最佳）

中型，长方形：长度1200~1350mm；宽度380~500mm或者600~750mm

正方形：长度750~900mm，高度430~500mm

大型，长方形：长度1500~1800mm，宽度600~800mm，高度330~420mm（330mm最佳）

圆形：直径750mm，900mm，1050mm，1200mm；高度：330~420mm

方形：宽度900mm，1050mm，1200mm，1350mm，1500mm；高度330~420mm

书桌：固定式：深度450~700mm（600mm最佳），高度750mm

活动式：深度650~800mm，高度750~780mm

书桌下缘离地至少580mm；长度：最少900mm（1500~1800mm最佳）

餐桌：高度750~780mm（一般），西式高度680~720mm，一般方桌宽度1200mm，900mm，750mm；

长方桌宽度800mm，900mm，1050mm，1200mm；长度1500mm，1650mm，1800mm，2100mm，2400mm

圆桌：直径900mm，1200mm，1350mm，1500mm，1800mm

书架：深度250~400mm（每一格），长度：600~1200mm；下大上小型下方深度350~450mm，高度800~900mm

附录2　室内人体与物以及空间关系的常用尺度

（1）墙面尺寸

①踢脚板高：80~200mm。

②墙裙高：800~1500mm。

③挂镜线高：1600~1800(画中心距地面高度)mm。

（2）餐厅

① 餐桌高：750~790mm。

② 餐椅高：450~500mm。

③ 圆桌直径：二人500mm，三人800mm，四人90mm，五人1100mm，六人1100~1250mm，八人1300mm，十人l500mm，十二人1800mm。

④方餐桌尺寸：二人700mm×850mm，四人1350mm×850mm，八人2250mm×850mm，

⑤餐桌转盘直径：700~800mm。

⑥餐桌间距：(其中座椅占500mm)应大于500mm。

⑦主通道宽：1200~1300mm。

⑧内部工作道宽：600~900mm。

⑨酒吧台高：900~1050mm，宽500mm。

⑩酒吧凳高：600~750mm。

（3）商场营业厅

①单边双人走道宽：1600mm。

②双边双人走道宽：2000mm。

③双边三人走道宽：2300mm。

④双边四人走道宽：3000mm。

⑤营业员柜台走道宽：800mm。

⑥营业员货柜台：厚600mm，高800~1000mm。

⑦单靠背立货架：厚300~500mm，高1800~2300mm。

⑧双靠背立货架：厚600~800mm，高1800~2300mm

⑨小商品橱窗：厚500~800mm，高400~1200mm。

⑩陈列地台高：400~800mm。

⑪敞开式货架：400~600mm。

⑫放射式售货架：直径为2000mm。

⑬收款台：长1600mm，宽600mm。

（4）饭店客房

①标准面积。大：25m^2；中：16~18m^2，小：16m^2。

②床：高400~450mm，床靠高850~950mm。

③床头柜：高500~700mm，宽50~800mm。

④写字台：长1100~1500mm，宽450~600mm，高700~750mm。

⑤行李台：长910~1 070mm，宽500mm，高400mm。

⑥衣柜：宽800~1200mm，高1600~2000mm，深500mm。

⑦沙发：宽600~800mm，高350~400mm，靠背高1000mm

⑧衣架高：1700~1900mm。

（5）卫生间

①卫生间面积：3~5m^2

②浴缸：长度一般有三种（1220、1520、1680mm），宽；720mm，高450mm。

③坐便器：750mm×350mm。

④冲洗器：690mm×350mm。

⑤盥洗盆：550mm×410mm。

⑥淋浴器：高2100mm。

⑦化妆台：长1350mm，宽450 mm。

（6）会议室

①中心会议室客容量：会议桌边长600mm。

②环式高级会议室客容量：环形内线长700~1000mm。

③环式会议室服务通道宽：600~800mm。

（7）交通空间

①楼梯间休息平台净空：等于或大于2100mm。

②楼梯跑道净空：等于或大于2300 mm。

③客房走廊高：等于或大于2400mm。

④两侧设座的综合式走廊宽度：等于或大于2500 mm。

⑤楼梯扶手高：850~1100 mm。

⑥门宽：850~1 000 mm。

⑦窗宽：400~1 800 mm(不包括组合式窗子)。

⑧窗台高：800~1200 mm。

（8）灯具

①大吊灯最小高度：2400 mm。

②壁灯高：1500~1800 mm。

③反光灯槽最小直径：等于或大于灯管直径两倍。

④壁式床头灯高：1200~1 400mm。

⑤照明开关高：1000 mm。

（9）办公家具

①办公桌：长1200~1600mm，宽500~650 mm，高700~800mm。

②办公椅：高400~450mm长×宽为450mm×450(mm)。

③沙发：宽600~800mm，高350~400 mm，靠背高1 000 mm。

④茶几。

前置型：900 mm×400 mm×400 mm (高)；

中心型：900 mm×900 mm×400 mm、700 mm×700 mm×400 mm；

左右型：600 mm×400 mm×400 mm。

⑤书柜：高1800mm，宽1200~1500mm；深450~500mm。

⑥书架：高1800 mm，宽1000~1300 mm，深350~450mm。

附录3 案例欣赏

案例一 挪威设计师Peter Opsvik设计作品

挪威工业设计大师Peter Opsvik对于学习设计的学生来说也许并不陌生，他的几款优秀椅子设计几乎成为了大学中设计教学上的经典案例，对人体工程学的透彻理解和应用是Peter Opsvik最让人钦佩的地方。

（1）variable balans摇凳

（2）Gravity Balans重力平衡躺椅

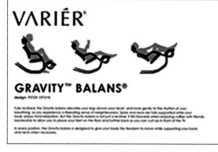  

三种不同的倾斜角度可以给人们提供舒适的阅读和休息体验，精湛的制作工艺和人体工程学的应用给使用者带来摆脱重力束缚的前所未有的感觉。

案例二　候车亭设计

广州某候车亭：顶部采用绿色弯钢化透明玻璃，亭身部分采用优质钢材加铝合金。钢材经特殊防锈处理，铝合金表面聚酯材料、喷涂。设计厚重与轻巧结合。

曲江仿唐候车亭：在设计上吸取了唐代建筑风格特点，造型上简洁方正，色彩上红白相间，有浓郁的盛唐韵味。

苏州某候车亭：挑檐式的仿古亭子，背景墙还采用了框景等造景手法，虚实相间、富有变化。颜色大面积采用苏州典型的灰、白两色。充分体现了当地古代园林建筑的特征。

昆山某候车亭：镂窗设计、屏风造型、素雅色调，突出了江南元素和园林风情，具有鲜明的昆山品牌特色。

上海某候车亭：顶部采用钢化玻璃（弧玻璃），柱采用碳钢方柱，热浸锌，表面喷户外粉处理，箱体采用厚碳钢板，座凳采用钢板钣金制成。设计简洁而现代。

贵州榕江候车亭：三排立柱长形空间，下围长廊式美人靠椅，中部为四周花格连接，上为五层重叠龙凤翘角，中排顶上为圆宝柱，体现民族特色。

巴西球门候车亭：车站的外形是足球门。在"足球门"的顶部安装了遮阳篷和灯箱。在顶部和两侧增加了固定的柱子，并且添加了广告牌。

日本Konagai水果候车亭：在这个小镇上，有许多水果公交车站，有西瓜车站、柠檬车站、草莓车站以及句子车站等多种造型，制作非常精细。

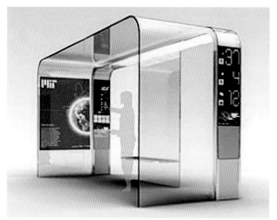

美国麻省的概念候车亭：在候车亭上设置的无线系统，通过里面的小触摸屏和外面2米高的大屏幕互动。方便候车的人们更好地掌握乘车路线。

候车亭变成了一个温馨的家，在此候车，时间将会很轻松地过去，这是一个十分人性化的设计。

迪拜空调车站：全封闭式的候车亭，外部的弧线造型迎合迪拜的七星级酒店阿拉伯塔，内部设施有空调，材料采用合金和玻璃，体现城市现代感。

这是荷兰鹿特丹一家名为"Fitness First"的健身房在公交车站投放的创意设计。你可以利用这点闲暇时光称称体重。人们只要坐在候车亭的座椅上，旁边的广告牌里就会显示重量。

案例三 Crater Lake景观设计

Crater Lake由24° Studio在2011年10月1日到11月23日在神户进行展出，该项目在日本神户举行的Shitsurai国际艺术节中成为获奖者之一。Crater Lake的表面不仅能提供躺、站而且提供了灵活的座位。

Crater Lake外表像是美国奥瑞根的漪丽火山湖，坐落于神户的人造岛上的Shiosai公园。Shiosai公园为神户的市中心提供了一个宏大的山景和海景图，考虑此地点的地理位置特殊性和优势，因此选用木质材料搭造一个起伏景观，提供了一个开放不受约束且能360度观景的视觉景观。

设计的灵感来源于1995年阪神的大地震导致建筑环境不可避免的损坏，这种破坏性的影响使各地居民对灾区产生更强烈的友好感和援助欲，帮助灾区战胜灾害重建城市，使其成为更好的生活环境，让人与人的社会关系更为密切。在Crater Lake景观设计之初不仅考虑满足周围环境的融洽，更重要的是强调维持社会之间的互动。

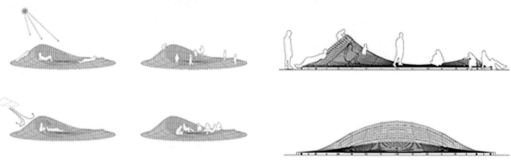

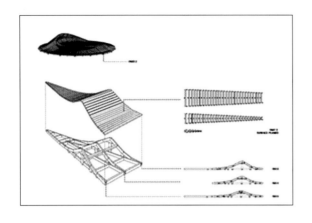

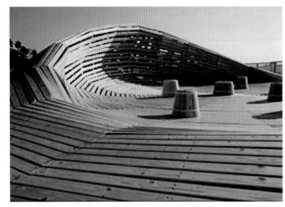

参 考 文 献

[1] 徐军, 陶开山.人体工程学概论[M].北京: 中国纺织出版社,2002.

[2] 柴春雷.人体工程学[M].北京: 中国建筑工业出版社,2007.

[3] 刘秉琨.环境人体工程学[M].上海: 上海人民美术出版社,2007.

[4] 刘峰, 朱宁嘉.人体工程学[M].沈阳: 辽宁美术出版社,2005.

[5] 王鑫, 杨西文,杨卫波 .人体工程学.北京: 中国青年出版社,2013.

[6] 田树涛.人体工程学[M].北京: 北京大学出版社,2012.

[7] 刘盛璜.人体工程学与室内设计[M].北京: 中国建筑工业出版社,2014.

[8] 刘昱初, 程正渭.人体工程学与室内设计[M].北京: 中国电力出版社,2013.

[9] 徐磊青.人体工程学与环境行为学[M].北京: 中国建筑工业出版社,2006.

[10] 张月. 室内人体工程学[M].北京: 中国建筑工业出版社,2005.

[11] http://www.cesbj.org.中国人类工效学学会.

[12] http://www.szfa.com. 中国家具网.

[13] http://www.ciid.com.cn. 中国建筑学会室内设计分会.

[14] http://www.artanthropology.com. 中国艺术人类学.

[15] http://www.vartcn.com. 艺术中国网.

[16] http://www.333cn.com. 中国设计之窗.

[17] http://www.cida.org.cn.中国室内装饰协会.